Physiologie du Goût

美味的饗宴

法國美食家談吃

薩瓦蘭 著

Jean Anthelme Brillat-Savarin

李妍 譯

前言

The Author's Preface

對我而言，寫作此書其實是一項非常簡單的工作——只需將我多年來累積的知識材料整理排序，攪拌均勻即可。而如何閱讀的重任則只能交給我親愛的讀者了。畢竟這不過是我為了度過老年時光而提前備好的消遣罷了。

在宴飲之樂成為我關注的焦點後，我便發現這個主題可以延伸的部分絕不僅止於一本食譜。我甚至認為，它完全可以成為一門獨立的學科，尤其是從對人們的健康、幸福和日常生活的種種影響來看，它都是如此的重要而值得關注。

當確定了這一想法後，一切都自然而然地展開了。我開始在最奢華的盛宴上細心觀察周邊的人與事，認真記錄，並享受著這種觀察所帶來的愉悅。

在此過程中，我不得不扮演起不同的角色，諸如醫學研究員、化學家與生理學家，偶爾也會象徵性地充當起哲學家。雖然我從這世上學到了很多東西，但這些見識卻從未讓我意識到自己會成為一名作家。我只是在好奇心的驅使下不斷前行，也時常深陷於無法跟上時代的恐懼。我渴求著與那些專家學者溝通交流，我樂於與他們為伍。

說實話，我最感興趣的其實是醫學，甚至到了一種狂熱的地步。我曾有一次美妙的經驗：某天我與學生們坐在階梯教室裡聆聽克洛凱醫生的演講，當周邊的同學竊竊私語地猜測我一定是某位來學院參觀的外國教授時，我心底萌生的喜悅簡直難以言喻。

另一個非常美妙的回憶是，我在國家工業促進委員會上展示我的發明。我稱這個裝滿香水的壓泵裝置為「香霧器」，我將它放在衣服內側，按下開關，整個天花板剎那間瀰漫著香霧，繼而飄落在人們的身上、手上。我發現那些睿智且富有涵養的人都喜愛我的香霧器，而那些被香霧淋得最濕的人們最高興，這讓我喜不自勝。

我對本書內容的謹慎偶爾會使我感到擔憂，深怕它因此顯得太過一本正經。畢竟我已經讀過太多愚蠢煩悶的書籍，可不想再寫一本。

爲了使此書免於這樣的窘境，我盡量避免了長篇累牘的理論講解，在舉例上大量地運用名人軼事與我自己的人生經驗。我刪除了那些聳人聽聞、容易引發爭論的故事，也試圖將我所了解的學者研究成果烹調成能更受您青睞的口味。倘若這傾盡心力端出的知識盛宴尚不能讓我親愛的讀者們感到滿足，我也依然可以安然入夢。因爲我相信，你們之中的大多數一定會寬大地赦免我的不可取之處。

也許，讀者會覺得我描述的方式有點天馬行空，老是說個沒完。或許是我到了囉嗦的年紀，也有可能是我的閱歷過多，對每個地方的風俗習慣都不願遺漏；又或許我應該將介紹自己的那部分內容刪除？但是我卻希望讀者可以明白：就算您覺得我的政治生涯回憶錄非常枯燥無味，但當您看到我人生的最後三十年是如何地光鮮亮麗、大放異彩時，您一定會忍不住重新去品讀那些錯過的頁碼。

我必須強調的是，寫作此書時，我並不依賴任何人的才智，也不做什麼「編註」的工作。倘若眞有人如此看低我，我寧願抛下這支筆，不再留戀因此帶來的快樂。就像諷刺詩人朱維納爾（Juvenal）所說：「我會永遠傾聽世界，卻一直寂靜無聲。」那些已然洞悉世事的讀者肯定會理解，我在殘忍的社會動亂與安謐的書苑生活中，選擇將最完美的一面展現給大家的原因。

在寫作的過程中，我做了點讓自己高興的事——把一些朋友寫進了書裡。他們看到時一定會大吃一驚。還有一些美妙的舊事也被記下，要知道回憶總是稍縱即逝，落在紙上才能化作永恆。套一句俗話來形容，就是「咖啡貴於回味餘韻」。

或許在眾多讀者中，總是會有一些吹毛求疵的人，他們會覺得這些事和他們沒有任何關係，毫無意義；但我想，除此之外的大部分讀者也許會用他們高貴的品行和令人稱道的生活品質使這些人無話可說。布豐（Buffon）說：「好與壞都是一人。」我並非想以此作爲開脫的藉口，因爲在我看來，一個人越想得到原諒就會越難以被人原諒。

我得說這本書挺不賴的。一個鍾愛伏爾泰（Voltaire）、盧梭（Jean Jacques）、芬乃倫（Fenelon）、布豐、柯欽（Cochin）和阿蓋索（Aguesseau）等大文豪，並將他們的作品爛熟於心的人能做到這點，不是很顯而易見的事嗎？這也許源於上帝的旨意，那麼，這也必是上帝的意願。

我通曉五種語言，當然熟練的程度還是有差別。假如我無法用法語表達出我想要表達的內容，我就會從其他的語言中找到合理的說法；這可能給我的讀者造成一點小麻煩，當然也有其他的表達方法，但我卻仍想恪守自己的理念和原則。請把這也視爲命運吧，倘若您眞的爲此生氣，我也毫無怨言。我早已深切地體會到法語是一種詞彙比較貧乏的語言。要怎麼樣才能避免這一缺陷呢？我只好向其他的語言借詞來用。很明顯這種「借用」是沒辦法償還的，所以有時候我也將這樣的行爲稱之爲「偷竊」，而令人安慰的是，偷竊詞彙並不會觸犯法律。

那些偉人用極爲簡陋的工具就已經創造出如此不朽的成就，如果他們能使用更好的工具，那他們的成就豈不是更加偉大？可以肯定的是，如果塔替尼（Giuseppe Tartini）的小提琴弦與巴約（Pierre Baillot）的一樣長，他一定會是個更優秀的小提琴手。

顯而易見的，我是一位新詞彙的宣導者，一個浪漫主義者。如果把浪漫主義者比作祕密寶藏的發現者的話，那麼新詞彙的宣導者就是走向天涯海角爲人們搜尋財富的水手。

有一點十分重要，即北方民族比我們更有優勢，尤其是英國人。他們的天才智慧總能充分流露於文字中，他們十分善於創造新詞或借用外來詞彙。這樣一來，我們在翻譯英文作品時，尤其當遇到具有深度或特色的作品時，譯文總會顯得蒼白無力，盡失原文風采。

我曾在學院聽過一場關於抨擊新詞彙的演講，主題是保護羅馬黃金時代法語的高度與深度。我像一個化學家那樣，憑藉著邏輯判斷把這場演講放入實驗器皿裡，得出了如下的結論：我們已經做得很好了，沒有必要再做得更好或更多。

我活了許久，很清楚地知道：雖然每一代人都在發表新觀點，但後代都不會重視前代的觀點。此外，如果說風俗與觀念都在不停地演化，那詞彙怎麼可能保持不變呢？即便我們與古人做同樣的事情，我們做事的方法肯定也有所不同。有些法語書籍中整頁的內容都無法翻譯成希臘語或拉丁語。

所有語言都有它的誕生、成熟、鼎盛以及衰退等時期，從埃及塞索斯特利斯家族到法國腓力二世時期創造出的精彩詞彙，如今只是歷史的紀念碑而已。同樣的命運也會發生在我們身上，假如西元二八二五年還有人閱讀我的作品，想必只能依靠辭典了……

我曾就這個問題，與我的學院好友安德里奧進行一場爭辯。我們的爭辯十分激烈：我從容有序地發起進攻，使他難以招架，如果不是他迅速從戰鬥中撤退的話，我一定會讓他投降。這是因爲他幸運地接到了一個我無意阻攔的任務——爲新字典撰寫篇章。

僅剩最後一點要說了，因爲其特殊性與重要性，我特意把它放在最後來加以說明。

在書中，假如我以第一人稱「我」來寫作那些奇聞軼事的話，讀者也許會把我當作一個傳遞流言蜚語之徒，質疑起故事的眞僞，七嘴八舌地評判，甚至暗自訕笑。但當我以「我們」之名發聲，以「教授」之名寫作時，他們都必順從於我。

我是帶來神諭的使者，若我張開嘴唇，眾人皆得默立靜聽！
（莎士比亞戲劇《威尼斯商人》第一幕第一場）

編註：原書裡〈前言〉本接於〈教授格言〉、〈作者與朋友之間的對話〉之後，然因〈前言〉提及作者為何以「教授」之名寫作，故將順序進行調換。

教授格言

Aphorisms Of The Professor

此爲教授爲自己的著作所寫的序，亦是他所開創的研究學科之根基所在。

1. 生命賦予宇宙存在的意義，宇宙給予生命存在所需的營養。
2. 動物餵飽自己，人類吃飯，但只有智者才懂得如何吃。
3. 國家的命運取決於人民的飲食。
4. 告訴我你吃什麼，我就知道你是怎麼樣的人。
5. 造物主讓人類依靠吃來生存，賜予人類進食的欲望，並以吃獲得的快樂作爲獎勵。
6. 美食主義是一種判斷傾向，使人們對口味的偏好甚至超過了對品質的苛求。
7. 吃的快樂屬於所有時代、所有地域、所有國家的所有人。它與其他形式的愉悅往往相互交織，並會在其他愉悅有所缺失時爲人類留下最後一絲安慰。
8. 餐桌是唯一永不使人煩悶的地方。
9. 以造福人類的程度來說，發明一道新菜的意義遠遠超過發現一顆新星。
10. 消化不良者和酗酒之徒都是對飲食藝術一無所知的人。
11. 正確的用餐原則是從油水最爲豐厚的菜餚開始，以最爲清淡的菜餚結束。
12. 喝酒時，應先喝酒性溫和的，再喝泡沫豐富、酒香濃郁的烈酒。

13. 酒不能混喝是一種歪理邪說，再好的酒喝到第三杯都會使味蕾飽和，變得毫無吸引力可言。

14 甜點中少了起士，就彷彿美女失去了一隻眼睛。

15 料理的技藝需要學習，但烘培是進化賦予人類的本能。

16. 廚師最重要的責任是快速地烹調出美食，而食客則要負責趁熱享用。

17. 爲了一個拖拖拉拉的客人而等待，是對那些守時的客人的不敬。

18. 設宴時沒有盡心準備美食的人，不值得與之結交。

19. 在一個家庭中，女主人負責準備優質咖啡，而男主人則要供給上等的酒水。

20. 請客就是對一個人在您家屋頂下的所有時光負責。

作者與朋友之間的對話

Dialogue Between The Author And His Friend

（寒暄之後）

朋友：吃早餐時，我和妻子一致認爲您應該盡快出版您的美食著作。

作者：「女性即是上帝」這六個字簡直成了巴黎的信條。但這條規則無法影響我，因爲我可是一個單身漢。

朋友：單身漢也無法完全隨心所欲呀！上帝保佑，獨身身分可幫不到您什麼。我的妻子說，既然這本書是在她的國家寫作的，那她就有權要求您這麼做。

作者：我親愛的醫生，基於眾人異口同聲誇讚我會是個完美配偶，您了解我對女性一貫的尊重與順從。但無論如何，我不會出版這本書的。

朋友：您何必如此呢？

作者：因爲這本書是我嘔心瀝血之作，我幾乎將畢生的信念與研究都奉獻給它。我擔心有些人只是輕描淡寫地瞥一眼書名，就將我看做那種不務正業、沉湎玩樂之輩。

朋友：我得說您這是杞人憂天，要知道，您投身公共服務事業的三十六年早就讓您聲名在外了。除此之外，我和我的妻子都堅信您的著作會廣受追捧。

作者：您是認眞的？

朋友：文化圈的人士會研究您書中的理論。

作者：這當然是可能的。

朋友：女性自然更是您的作品的讀者……

作者：親愛的朋友，我老了，經驗會影響我的判斷。請上帝垂憐我吧！

朋友：美食家一定會拜讀您的書，因爲您公正地賜予了他們尊重，以及他們應有的社會地位。

作者：確實如此！簡直難以相信，這麼長時間以來，他們都是在輕慢和忽視中度過的！我深愛著這些美食家們，他們都那麼善良，眼神都那麼澄澈！

朋友：除此之外，您不是也說過每一間圖書館都應該有一本這樣的書嗎？

作者：我確實說過，這也的確是事實。我堅信這一點。

朋友：哦！您認同我了！您完全理解我的意思了，對吧？

作者：並非如此……作家的道路看似鮮花滿途，但也荊棘密布。這些好與壞我都打算交予繼承人去面對了。

朋友：但是您將剝奪您的朋友、知己與同時代的民眾閱讀這本書的權利，您有勇氣辜負這些人嗎？

作者：我的繼承人！我的繼承人！我聽過這樣的說法：死者會在活人的讚美聲中得到慰藉。就把這當作是爲另一個世界的我預留的祝福吧！

朋友：但是您確定您期許的那些讚美能傳到另一個世界嗎？您的繼承人又能否正確行使您的意願呢？

作者：我沒有理由懷疑他們會忽視我這僅有的要求，畢竟我已寬容了他們那麼多的疏忽。

朋友：可是他們會像疼愛自己的孩子一樣珍視您的作品嗎？一本書付梓之前有多少困難，他們能讓它完美地呈現給讀者大眾嗎？

作者：我會將手稿校對清楚，抄寫整齊，做好周全的準備，他們要做的只是印刷出版而已。

朋友：倘若發生意外呢？包括勒卡先生窮極一生寫作、研究睡眠時身體狀態的名著在內，太多偉大的著作就這樣遺失了。

作者：那確實讓人無比遺憾，但我的書命運不會如此悲慘的。

朋友：請相信我，獲得您繼承權的朋友們一定需要非常多的精力去協調教會、法律和醫學會的種種事務，而在搞定這一切之前，他們將沒辦法把精力投注在您的書上。

作者：可是我的朋友，這樣一本書啊，請想想那些將自四面八方而來的嘲笑！

朋友：「美食主義」這個詞已經讓所有耳朵都豎起來了！它那麼符合時代潮流。而每一門偉大的學科之下都有嘲諷者存在，這無可避免，您又何必介意呢？想必您也記得，即便是孟德斯鳩（Montesquieu）這樣最偉大的思想者，也會寫些生活化的瑣碎主題的。

作者：（急切地）我認爲您所言非虛，他確實是一個代表。《尼德的神殿》（*The Temple Of Gnidus*）不是那種讓人難以忍受的艱深之作，它提供的是非常實用的、令人愉悅的、我們每日賴以生存的思想，這遠比講述一千多年前在希臘叢林中兩個瘋子追逃的故事要有意義多了。

朋友：啊哈哈！這麼說您同意了？

作者：並沒有！您要理解，作家談論起創作都會有點迫不及待。這倒讓我想起了一部妙趣橫生的英國喜劇，呃，讓我想想，劇名好像叫《親生女兒》。您看過這部戲就會明白我的意思。您知道貴格教會嗎？它的教徒彼此之間都以「你」相稱，以示一律平等。他們崇尚節儉，反對戰爭，拒絕咒罵與因衝動引發的暴行，他們從不發怒。

這部喜劇中的主角就是一個年輕的貴格教會信徒，他穿著一件棕色的外套，戴著一頂平淡無奇的寬簷帽出場，帽子底下的頭髮一點都不捲。可沒什麼能阻止年輕人陷入愛情的漩渦。他的情敵是個紈絝之徒，因爲他寒酸的打扮對他冷嘲熱諷，百般侮辱。慢慢地，年輕人被激怒了，他忍無可忍，怒氣沖沖地把情敵痛揍了一頓。

當怒火熄滅，他又恢復了一貫的態度，悲傷地慨嘆道：「唉！理性的思維竟輸給了身體的本能……」

這正是剛才的狀況。片刻的動搖過後，一切恢復如初，我仍堅持一開始的態度。

朋友：您別想否認，我贏了，現在該是領取獎賞的時候了，請您跟我去見書商吧！我會告訴您，誰是那個將您的書推廣出去的最佳人選！

作者：您最好別那麼做，要知道您也是我筆下的素材，天知道我會怎麼寫您呢？

朋友：我有什麼好寫的呢？您休想威脅我。

作者：我肯定不會寫我們的家鄉因培育了您而感到驕傲；也不會寫您二十四歲就出版了一本經典的基礎教材；更不會提及您那當之無愧的美名——您用精湛的醫術拯救生命，用過人的智慧啓迪靈魂，用滿溢的情感治癒心靈。我不會寫這些人盡皆知的事。我想告訴整個巴黎，整個法國，還有整個世界的是——您唯一的壞毛病！

朋友：（嚴肅地）您指的是？

作者：勸說對於糟糕的行爲習慣可是毫無作用的。

朋友：您已經讓我坐立不安了，請直言吧！

作者：您吃飯的速度太快了！

（話音剛落，這位朋友就拿起帽子，轉身告辭了，他已經改變了主意。）

Contents

目錄

第一部

美食哲思錄

Part One : Meditation

一

論感官

On The Senses

感官的六種形式

感官是人類與外界環境溝通的器官。

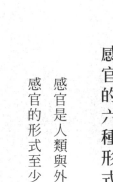

感官的形式至少有六種，分別是：

視覺：它是我們用以觀察空間的方法，通過光線揭示周邊物體的存在以及它們的色彩。

聽覺：它被用以接收物體振動時產生的，再經由空氣傳播而來的聲波。

嗅覺：它被用來分辨物體所釋放出的氣味。

味覺：它被用來確定食物的味道以及是否可被食用。

觸覺：它說明我們認識的物體的表面形態，及其的連續性。

最後，性欲促使兩性結合，使種族得以繁衍生息。

不過，有一點卻讓人百思不得其解：在布豐之前，居然從來沒有人對這麼重要的感覺有深刻的認識。他們大多將性欲與觸覺混為一談，其實這二者是截然不同的。就像口、眼一樣，感受性欲的是一個完整的器官組織，它的獨特性在於：任何一種性器官都擁有其所需要的感官體驗，這對完成自然的繁衍生息是非常必要的。如果在這諸多的感覺中，以維持個體生命為目的的味覺可以占得一席之地，那麼自然也不該降低性欲應有的地位。畢竟是依靠它，種族才得以延續。

我們應該承認並且尊重第六種感覺，這樣才能使我們的後代以正確的態度來面對它。

感官作用

如果我們可以乘著想像的翅膀回到早期人類生存的時代，我們有理由假設，那時候人們的感覺既直接又原始。換言之，在那時的人看來，一切都是一樣的，既聞不出香與臭，也嘗不出好與壞，而做愛也跟動物的交配並無二致。

不過，在人的靈魂中，這些感覺都有一個共同的核心——它們是專屬於人類的。有了它們，人們才能不斷發展，不斷提升。當人們在內心深處思考這些感覺後，所有的感覺都被調動起來互相合作，最終為人類的整體感覺服務。

所以，在視覺出現誤差的時候，觸覺可以稍作彌補；聲音可以通過口語作為其他感覺的代言人；視覺和嗅覺能夠增強味覺的感受力；聽覺可以透過聲音判斷出距離的遠近；而所有的感覺器官，都可以感受到欲望的影響。

幾個世紀過去了，時間的洪流促使人類不斷自我完善。其理由雖然不易察覺，但可以確信的是，它正是由我們的感官對舒適感持續不斷的需求所引發的。所以，視覺催生了繪畫、雕塑與各種奇妙的景觀；聲音帶來了旋律、和聲、舞蹈、各種音樂流派及不同的演奏表現手法；嗅覺促成了香料的發明、生產和使用；味覺推動了所有食品原料的生產、育種和加工；觸覺造就了各種藝術活動、商務貿易和工業生產；性欲創造出各種對兩性結合有幫助的活動。

隨著法蘭索瓦一世時代到來的，是羅曼蒂克的愛情、賣弄風情的諂媚與追求時髦的風潮。法國人發明了「賣弄風情」一詞，並將它發揚光大。在巴黎這個世界之都，每天都有其他國家的上流人士在專門學習它。

乍看之下，這個觀點似乎有些匪夷所思，但是要證明它卻很容易。因爲沒有哪種古代語言可以清楚明白地解釋現今社會這三大消遣活動的動機和由來。

我就這個主題創作了一篇對話，不過爲了讓讀者獨立思考，我並不打算發表它。我想這足以促使他們展現自己的才華與學識，在長夜裡深思求索。

前文提及，性欲已完全融入人體的其他感官中，不過它對科學的影響卻絲毫未減。經過仔細觀察，我們會注意到那些最細膩和最巧妙的發現，正是源於對兩性結合的欲望、期待和確信。事實上，性欲是一切科學的根源，即便是那些最爲抽象的科學也不例外，它們都是我們爲了滿足感官需求而不斷努力的結果。

感官進化

儘管我們的感覺爲我們提供了諸多幫助，但它並非盡善盡美，我不會將重點放在證實這一點上。我想談的是在我們的感覺中最不具備實感的視覺，還有與之相對，最爲眞實的觸覺，以及這二者隨著時間推移而得到顯著強化的感官能力。

大部分器官都會隨著年齡的增長而不斷老化，但眼鏡可以緩解眼睛老化帶來的影響。我們曾經無法想像竟能如此清楚地觀測到未知的星體，而望遠鏡幫助我們做到了這一點。它遠遠地超過了人類的視覺能力，使人們得以看到那些遙不可及的、在肉眼看來只是一個模糊不清的小光點的星體。

顯微鏡不僅讓我們了解了物體的內部構造，還向我們提供了植物和植被存在的微觀依據。不僅如此，我們還可以透過它觀察那些不及肉眼所見十萬分之一大小的生物。觀察微生物的蠕動、覓食和繁殖，我們可以證明它們確實存在，毫無疑問。

除此之外，機械裝置也壯大了我們的力量。人類把理論研究轉化爲實際應用，突破了大自然所設的界限，彌補了自身力量不足的缺陷。人類用武器和槓桿征服了大自然，使大自然遵從人的欲望、需求，甚至是任性妄爲；人類改變了大自然的面貌，這看似脆弱的雙足動物主宰了世間萬物。

或許正是由於其他物種的本能遠遠高於人類，我們的視覺和觸覺才能得到如此的提升。或許，當人類的全部感覺都得到提升時，人類就不是今天的樣子了。

値得強調的是，從肌肉力量的層面來說，觸覺得到了很大的提升，但是如果單純從感覺器官的角度出發，文明的發展並沒有爲觸覺帶來本質上的進化。不過一切皆有可能，我們應該相信，人類目前正處於成長的階段，這些感官的進化與拓展仍待時日。

舉例來說，和聲已有近四個世紀的發展史，毋庸置疑，它是一種頂尖技術，它跟聲音的關係，與繪畫和色彩的關係所差無幾。

古人在演唱時也會以多種樂器伴奏，卻並沒有繼續深化自身的認識。他們沒有將聲音進行分類，也就無法享受不同聲部結合所產生的音效。直到十五世紀，人類確定了音階的概念，才相應地定義了和絃的規律，使它們得到更好的運用，拓展了聲樂表現，實現了音樂類別的多樣化。這個發現有些姍姍來遲，卻又自然而然。和聲使聽力的功能更進一步，並且使其表現出兩種相對獨立的功能：一是接收聲音，二是欣賞共鳴。在德國的醫生們看來，那些能分辨和聲的人，比常人多擁有一種感覺。而認爲音樂只是一團嘈雜聲音的人，幾乎都是五音不全者。所以，我們可以相信他們的聽覺器官異於常人，因此只能獲取短波和無波的資訊。不過還有一種可能：他們的兩隻耳朵有音高差異。換句話說，就是兩隻耳朵的內部結構不同，或許是尺寸大小不一，或許是靈敏程度不同，所以兩隻耳朵無法把接收到的聲音結合成清楚穩定的聲音，再傳給大腦。就像是音高不同的兩種樂器合奏時，旋律是無法統一且連續一致的。

在四個世紀的範圍內，味覺領域也有了長足的進步，糖、酒、香草、冰淇淋、咖啡、茶等新事物誕生後，我們生活中的口味也變得更加豐富多彩了。

誰又知道觸覺會不會在偶然的情況下開啓人類新享樂的可能呢？事實上，可能性極大，因爲人體的各個部位都能夠感受到觸覺，也可能由此產生興奮。

我們已經了解到性欲對所有科學的影響作用。在這方面，它一直帶有習慣性的專制。而味覺更小心翼翼，溫文爾雅，但在對科學的影響上，它十分活躍，雖然行動緩慢卻保證了它的成功。以後我們還會更加詳盡地介紹這個過程，但現在我們只需要知道一件事——在出席了一場豐盛的晚宴，走進由鮮花、鏡子、油畫、雕塑裝飾的大廳，感受鬢香魅影環繞其間、仙樂嫋嫋直侵耳畔的境況後，無論是誰，都無須再費力說服自己相信：所有的科學都是爲了刺激和加強味覺的感受力而存在的。

感官作用的目的

當我們縱觀所有感覺時，就會輕易地發現上帝創造這些感覺有兩個意圖：個體的安全和種族的繁衍。人作爲一種有感覺的生物，其命運就是圍繞這兩個意圖展開一切活動。

眼睛感知外部物體，揭示人類世界的奧妙，並提醒人類自身也是宇宙渺小的一員。聽覺感知聲音，不僅是令人愉悅的，也包括那些可能危及我們的物體所發出的警告聲。任何直接的損傷都會造成痛覺，而觸覺將透過痛覺看顧我們的身體。手作爲忠實的僕人，已經做好了防護的準備，尤其是在人類因本能做出了錯誤選擇時，手將用它的方式挽回。嗅覺可以察覺到有害物的存在，因爲大部分的有害物都有刺激性的味道。當味覺做出肯定的判斷後，牙齒開始咀嚼，舌頭與上顎負責品嘗口感，隨後，胃也開始了消化的過程。

在這種狀態下，人體會被一種奇特的疲憊感包圍。世界失去了顏色，身體鬆弛彎曲，眼睛慢慢合攏，所有的感覺都進入安靜的熟睡狀態。當他睜開眼睛，周圍的事物恢復如初，但一團神祕的火焰在他的胸中躁動起來，另一個器官開始活躍。他渴望著分享自己的存在。這是一種兩性都能感受得到的激情，它吸引著兩個人結合爲一個整體。當生命的種子埋進土壤，他們就可以踏實地睡去。他們已經完成了最神聖的任務，確保了種族的傳承。

我想將這些常識性的哲學原理作爲鋪墊，指引讀者自然而然地開啓對味覺感官的考察。

II

論味覺

On Taste

味覺的定義

味覺是我們的感官之一，它負責接收食物的滋味訊息，並將刺激傳遞給饑渴的身體，使其興奮。

刺激食欲、感受饑餓和口渴是味覺的基本作用，它促使個體生長、發育，幫助完成自我防護和自然修復。

有機體可以通過各種途徑獲得營養，它能夠完全適應上帝給予萬物的差別與生存方式。植物處於各種生命形態的末端，它生長於土中，由根部輸送營養。通過特殊機制與幾個方面的配合，來獲取必要的生長物質。

比植物地位稍高的是缺少運動器官的動物，它們生長的地方與它們自身的需要相呼應，透過獨特的器官來獲得物質，它們不尋覓食物，而是食物發現它們。

第三種類型是從活動中得到食物的動物，人是這一類型中的完美代表。一種奇怪的本能提醒人食物的必要性，人從周圍尋覓那些可以滿足自身需求的食物，並吃下它，當身體機能平衡後，也就意味著人完成了這項重大的任務。

我們可以從以下三個角度來思考味覺：從生理角度而言，味覺是人們享受食物的媒介；從精神角度而言，味覺是指有味道的物質使對應的器官產生興奮的感覺；從物質角度而言，味覺是物質的特殊成分作用於味覺器官並使之興奮的一種能力。

顯而易見，味覺有兩個重要用途：一是它能夠使我們開心，使我們得到慰藉。二是它能幫助我們從自然界中找到適合我們的食物。在做出這樣的選擇時，嗅覺會起輔助作用，這一點我們在後文會提及。根據普遍定律，營養豐富的食物兼備味覺和嗅覺的要素。

要了解味覺器官的眞實內涵可不是一件容易的事，至少比想像中難得多。可以確定的是，舌頭是品嘗機制的中流砥柱，因爲它的肌肉力量豐富，可以嚼碎、攪拌、壓縮、吞嚥食物。

除此之外，以舌頭表面上的各種器官爲媒介，舌頭可以吸收與它接觸的、有味道、可溶的細小顆粒；但是，這並不意味著能形成感覺，它還要靠相鄰的器官提供幫助，例如下頜、上顎、鼻道等，而最後一個器官是極易被生理學家忽略的。

下頜不但可以分泌唾液，還可以協同咀嚼，並且將食物轉化成適於吞嚥的形態；口腔兩翼和上顎也有相應的味覺功能；我甚至堅信在某些情況下，牙齦也會有一些基本的味覺功能。如果位於口腔後部的咽部沒有對食物進行品味，我們的味覺感受就不會如此豐富完整。

天生沒有舌頭或者舌頭被割掉的人並不是徹底地失去了味覺。前者的情況我們在課本中就已經了解過了，而一個阿爾及利亞人使我對後者有了更多的了解——他與他被囚禁的朋友在試圖逃離時被殘忍地割掉了舌頭。

我是在阿姆斯特丹偶遇這個人的，他在當地打工謀生，教育水準頗高，與他交談很輕鬆。我發現他舌頭的柔軟部分和舌根的軟骨都沒有了。我問他，沒有舌頭能否繼續感受吃的快樂？以及他遭受酷刑後，味覺功能是否喪失了？

他回答說，令他最不安的是吞嚥的動作，他得非常努力才能完全吞下去。不過儘管味道很淡，他還是能品嘗食物。除此之外，他也無法承受過苦或過酸的味道。

他告訴我，割舌是非洲國家最典型的刑罰，主要是爲了對付各種社會運動者。不僅如此，割舌還有特定的刑具。我本來想進一步了解，但察覺他提及此事的痛苦，我只好放棄追問。

我仔細琢磨他說的話，回憶起遠古的時候，如果人們不尊重神靈，他們的舌頭就會被切碎或割掉。我的結論是：這種習俗應是起源於非洲，進而由遠征歸來的十字軍傳入歐洲。

從前文中，我們已經知道味覺的受器主要存在於舌頭上。如今，解剖學也告訴我們：每條舌頭都有不同數量的受器，且差距高達三倍之多。由此我們就能清楚地明白，爲什麼兩個人一同用餐時，其中一人興致盎然，而另一人可能食之無味。其原因就在於第二個人的舌頭受器沒有第一個人多。由此可見，味覺與其他感官一樣，也有先天功能殘缺的人存在。

味覺的感知

有關味覺的工作原理，目前有五、六種不同觀點，我也有自己的見解，說明如下：按照慣例來說，味覺是在潮濕的環境中發生的化學反應，也可以理解爲味覺分子只有完全溶於水，才能被味覺器官表層的神經傳導物質受器所吸收。

不論是高等動物還是低等動物，味覺系統都需要一個眞實存在的物質作爲依託。就算你將難以溶解的物質顆粒放入嘴裡，也很難嘗出味道，因爲乾燥的舌頭只能體會觸覺，不能反映味覺。

在吃質地堅硬但有味道的東西時，第一步就是用牙齒咬碎它們，然後用唾液和其他液體去融化它們，最後再用舌頭把它們傳遞給上顎。只有這樣才能嘗出味道，才能使味覺器官得到充分的滿足，並且人們也會根據味道來判斷是否應該讓這些物質進入胃中。

這個系統的發展趨勢雖然有多種可能，但相信其發展的主要軌跡並不會有所偏移。

有人會疑惑究竟是什麼產生了味覺，我們的答案是：能夠被味覺器官吸收的可溶性物質。有人還會問味覺的工作原理是什麼，我們可以這樣回答：當物質處於溶解狀態，並能被傳輸感覺的受器所接收時，味覺就會發揮作用。

味道

由於每種可溶性物質之間的味道是有差異的，所以味道的種類數不勝數。除此之外，各種味道之間還可以相互融合、相互影響。到目前爲止，依舊沒有一個固定的量表能包含從莓果到西瓜間的各種味道，以及所有美味與難吃的物質。每個嘗試創立這種量表的努力全都以失敗告終了。

人們並不會對他們的失敗感到詫異，因爲我們心知肚明，幾乎所有味道都能以千萬種比例融合在一起。數量之大，唯有創造新的語言才能表達，需要用數不勝數的書頁才能說明，只有奇思妙想的字詞才能給予它們身分。

所以，目前爲止對味道的界定還沒有達到科學要求的精確度，我們只能用像酸、甜、苦、辣這些平凡的語彙來形容，最多也不過在這些味道之前加一些好吃或難吃的點綴詞。事實上，這樣形容食物的特點已經是多此一舉了。

毋庸置疑，我們的後代會在味道的探索方面超越我們，而化學在以後極有可能探索出影響味道的根本原因和基本元素。

嗅覺對味覺的影響

正如上文所說的，我們應該更加關注嗅覺的重要性，並了解嗅覺對味覺的影響。因爲據我所知，其他作者並沒有給予它充分的重視。

在我看來，沒有嗅覺的幫助，我們就不能完成品嘗的過程。我甚至這樣認爲：嗅覺與味覺不是單獨存在的。嘴巴扮演的是實驗室的角色，鼻子則扮演煙囪的角色。更具體地說，嘴巴咀嚼的是固態物質，而鼻子品嘗的是氣態物質。

只要是美食就會有一定的香味，所以嗅覺的重要性與味覺的重要性相比，可謂有過之而無不及。吃東西的人對食物的氣味是比較敏感的，在吃的時候或多或少會被氣味影響。而遇到不熟悉的食物時，鼻子就開始扮演哨兵的角色，它會斥問：「誰？」嗅覺一旦被攔截，味覺也無法正常運行，這一點可以用誰都能做的實驗來加以驗證。

第一個實驗，當患有鼻炎或者因感冒引發了鼻腔黏膜感染時，味覺功能就消失得無影無蹤；儘管舌頭還能正常工作，但就算是美食，你也會覺得食之無味。

第二個實驗，吃飯時，用拇指和食指夾住鼻子，味覺就會變得模糊不清。我們往往用這種方法喝下難以下嚥的藥，以減輕不適。

第三個實驗，如果在吞嚥時將舌頭一直頂住上顎，並且不將它放回原位，空氣無法正常流通，品味的過程也會隨之喪失。

之所以會有這些結果，是因爲少了嗅覺的輔助，只能品味物質的味道，卻無法聞到它的氣味。

味覺感知的剖析

掌握了前面的規律，我確信味覺可以分解爲三個不同面向的感覺：直接感覺、整體感覺、反射感覺。

直接感覺是從口腔器官運動中獲得的首要知覺，這時被品嘗的物質主要殘留在舌尖。整體感覺由兩方面結合而成，即首要知覺以及食物離開起點推移到口腔後半部時，爲整個器官提供的味道和香氣。最後，反射感覺是大腦對感覺器官傳輸過來的印象所進行的判斷。

我們可以透過研究人們進食的方式來檢驗此一體系。比如，人們吃桃子之前總會想聞到它所散發的香氣；將桃子放到嘴裡，口感鮮美使人情不自禁地吃；但是只有將嘴裡的桃子完全呑咽後，香氣才能從咽部傳輸到鼻腔，讓嗅覺器官感受到，進而完成因吃桃子而產生的感覺。最終，只有完全呑下桃子後，人們才會對自己所吃的東西做出評價：「太美味了！」

品酒的情況與此類似。當酒在嘴裡時，品酒人歡快但並不滿足，只有當他呑下所喝的酒後，才能眞正地享受每種酒的醇厚香濃。接著過了一會兒，他就會用「好」或者「不錯」，「是香貝丹紅酒！對！絕對是！」等言語來表達他們的感受。透過這個原則，可以很明顯地注意到：眞正愛酒的人喜歡小酌慢斟。一口氣喝一杯酒只能帶給人份量上的享受，但是細酌慢斟累積而得的愉悅感並不小於前者所帶來的快樂。

同樣地，不好的味道也會透過這個過程將不快傳遞給個體。不難想像，一個病人看到一大杯黑色藥水時是非常痛苦的，路易十四的醫生就經常開這種藥。從不擅離職守的嗅覺將提醒病人，這種難以吞嚥的液體多麼令人厭惡。當危險靠近時，病人的瞳孔會放大，令人噁心的藥剛到嘴邊，他的胃就開始翻江倒海，但醫生卻告訴他要勇敢面對，用白蘭地清清嗓子，捏住鼻子，把藥喝下去……當這令人厭惡的液體還殘留在口腔和舌頭上時，他的味覺開始混亂模糊，但尚可忍耐，可在喝完最後一口後，口中的餘味揮之不去，令人噁心的氣味越來越濃，病人變得更加不安與反感。這種恐懼甚至可以與死亡相提並論。

相對地，如果吞嚥下去的液體無色無味，就像水一樣，那麼我們不但品味不出它的味道，而且也不會因爲殘留的味道而煩惱。它在人體的大腦中不會留下陰影，我們喝下它，這就是全部了。

味道的層次

味覺功能並不像聽覺那般得天獨厚，聽覺能在同一時間接收並比較各種聲音，而味覺的活動缺乏多樣性。換句話說，它無法在同一時間內對兩種味道做出反應。

不過，當兩種或多種味道循序漸進地出現時，一次品味甚至可以體會到第二種或者第三種感覺，但刺激程度會遞減。我們往往用餘味、香氣等詞來形容這些感覺。類似的情況還有，當你彈琴時，行家的耳朵能夠辨別出一組或多組音階。

粗枝大葉或者行色匆匆的食客幾乎不能辨別出內在的感覺，只有爲數不多、才高八斗的老饕才有這樣的能力。利用這個能力，他們可以把品嘗過的食物按品質的好壞進行分類。這些感受是細微、極難揣摩卻又韻味豐富的。很多教授對此一知半解，他們總是張著鼻孔、仰著脖子、理直氣壯地宣稱他們認爲顚撲不破的眞理。

味覺享受

現在，讓我們從哲學的角度分析因味覺產生的愉悅與痛苦。

第一，我們必須面對一個殘酷卻永恆不變的眞理，即人們對痛苦的感受力遠遠勝過對愉悅的感受力。酸、苦等刺激性味道會使我們或多或少產生痛苦，聞到氫氰酸造成的疼痛甚至強大到能奪走生命的程度。

其次，愉悅感的強度範圍是有限的。在平淡無奇和極其鮮美之間的差距並不那麼大，就像一塊又乾又硬的燉肉，和一塊鮮美的小牛肉或一隻烤得恰到好處的野雞之間的差距一樣。而味覺作為我們得天獨厚的感覺，只要妥善運用，就能給我們帶來極大的滿足，這是因為：

1. 只要適度節制，就能享受吃的快樂，並且毫不疲勞。
2. 因為它屬於所有時代、所有年齡、所有階級的人。
3. 它會日復一日地重複作用，人們甚至可以每天重複兩、三次而不覺倦怠。
4. 因為它可以與我們其他的享樂方式結合；在缺乏其他的享樂方式時，又給予我們慰藉。
5. 因為它接收到的資訊是持久的，並且不受我們的意志所影響。
6. 因為我們吃東西時，能夠得到一種無法用言語表達的、獨一無二的愉悅感，它是內心情感的真實流露，所以「吃」也是一種忘卻憂傷、長命百歲的方法。

人類至上

我們從小就被教導一種令人愉悅的價值觀，即在各種動物中，無論是地上爬的、水裡游的還是天上飛的，只有人類的味覺才是最完善的。但這樣的信仰可能會被動搖。有人宣稱：某些動物器官的完美程度與發達程度更勝人類一籌。但這個理論讓我們難以認同，聽起來頗爲異端。

人類毋庸置疑是大自然的統治者，他們根據自己的意願決定覆蓋地表的植物，決定可以繁衍後代的動物類別，但也因爲如此，擁有能品味一切美味的器官也顯得尤爲重要。倘若某種動物的智商較低，牠的舌頭也會較爲遲鈍。魚的舌頭就是一根可動的骨頭，鳥的舌頭主要由黏膜和軟骨形成，四足動物的舌頭大部分都不是平滑的，有的甚至長有鱗片，大多不能旋轉。人類的舌頭卻截然不同，它柔軟平滑，表層的黏膜也很細緻，這正揭示了它擁有卓爾不群的功能。

再者，我發現人的舌頭有三種運動狀態：伸展、旋轉和橫移。第一種動作是指舌頭像梭魚一樣從兩唇之間伸出來；第二種動作是舌頭在上顎與下頜之間的空間中畫圈；第三種動作是舌頭向上或向下彎曲，在牙齦與嘴唇之間做横向運動，這個動作最大的作用是可以清除藏匿在半環形區域裡的食物殘渣。

動物的味覺是受限的。有的動物只吃植物，有的動物又只吃肉，還有一些吃穀類，所有這樣的動物都無法對各種滋味進行整體的掌握。與動物不同的是，人是雜食動物，所有的食物都可以被巨大的胃口攝入，前提是他必須有十足的味覺感受。實際上，人類的味覺能力已經接近完美。爲了提供有力證據，我們可以觀察一下它的工作原理。

無論是氣體、液體或其他形態的食物，一旦被送入口中，就會被溶解吸收。它的香氣被嗅覺器官所接收，嘴唇讓它無路可退，牙齒咬住食物並將它嚼碎，唾液溶解它，舌頭攪拌它，吞嚥產生的氣流逼迫它靠近咽部，舌頭立起來協助它滑下去，進而食物就被運送到了胃部，在胃裡被消化吸收。在這全部的過程中，每一個細小的顆粒、一滴水分或者一個小小的分子都會被徹底地品味。正是這種得天獨厚的條件，才使人類毋庸置疑地成了自然界的美食家。

人類選擇味道時也會相互影響，根據自身的需要，將自己的飲食方式套用到夥伴的身上，像大象、狗、貓與鸚鵡都是如此。有些動物爲了更好地品嘗體積龐大的食物，所以演化出較大的舌頭以便抬起重物，發達的上顎是爲了充分地壓碎食物，寬大的咽喉是爲了一次吞下大量的食物。但是這些解剖學的證據並不表示牠們的味覺也同樣完美。

再者，人類的味覺能夠促發情感，而動物對事物的感受和人類有著天壤之別。人類的感受更加敏銳，這也意味著人類的感官更爲卓越。從精細程度來看，我們所能想到的最靈敏完美的感受大約是：古羅馬時期的美食家可以根據一條魚的味道，判斷牠之前是生活在上游還是下游。反觀現在，難道我們沒有注意到，當代仍有美食家可以分辨出山鶉睡覺時把哪條腿放在上面嗎？難道我們周邊不是遍布著像必歐（Jean-Baptiste Biot）和阿拉戈的學生精確地探測日蝕一樣，能準確地判斷葡萄酒的葡萄其生長緯度的美食家嗎？

教授的話

從人類精神史的角度出發，味覺作為補償型感覺是尤為重要的。所以，我們仔細地研究了那部分歷史，對其中的事實、理論進行了整理，以此來克服闡述時的枯燥無味。

在後文中，我們會提到各類感覺是怎樣利用重複和折射來增強器官功能，而且還會闡述飲食需求是如何從本能過度到激情，並且得到了社會的廣泛認同。我們還會闡述科學是怎樣作用於味覺的物質成分，並了解其分類和定位的方法。除此之外，還會說明旅行者如何從世界各地引進本地所沒有的東西。我們將根據化學的軌跡進入神祕的實驗室，給予廚師們相應的啓迪。

或許我會在創作的過程中想起一些名人軼事，或者是一段令人難忘的回憶，或者是人生中幾件驚心動魄的事，我不會故意將扼殺寫下它們的靈感，因為它們能讓讀者適當的放鬆。如果我的書迷是位男士，我相信他一定寬容而睿智；如果是位女士，那她一定魅力襲人。我很樂意與他們進行交流。

III

論美食學
On Gastronomy

科學的起源

科學不同於智慧女神密涅瓦從羅馬主神的腦海中離去時那般整裝待發，每門學科都是時間的寵兒，它們的形成過程非常緩慢，先是蒐集經驗，逐漸摸索出方法，再將各種方法整合，推論出基本原則。

所以，我們將那些經驗豐富的老人請到床畔，用他們的慈悲教化人心，治癒傷口。他們可以看作是最原始的醫生。古埃及的人們觀測到有些星星在不斷的移動後，最後還是會回到它們原來的位置，我們可以把他們稱作最原始的天文學家。

那些寫出「2+2=4」等式的人是數學家的鼻祖。這門神奇的學科讓人類成功轉型爲宇宙統治者，像氣象學、幾何學與氣體化學都被包含在內。

所有的學科都是一代又一代人的思想傳承，印刷術讓思想倒退不曾發生。而誰又知道，以後的氣體化學能否突破限制，將叛逆的元素收服，並重新組合成新的成分呢？

這將打破種種對於我們能力的限制。

美食學起源

美食學適時地出現了，它的所有姐妹學科都紛紛爲它駐足停步。人們沒有理由拒絕它，它的任務就是要讓我們生活得更加愜意，它讓愛情更幸福，讓友誼常青，淡化怨恨，讓事情朝著好的方向發展。直到耄耋之年，它將給予我們獨一無二、永不倦怠的生活方式；當我們已經厭倦周圍的一切時，它依舊會使我們精神抖擻。

在只有傭人與廚師對烹飪感興趣的時代，美食的祕密一直被埋藏在地窖裡。而依照飲食指南做出的食物，也不過是一件藝術複製品。

也許有些太遲了，但科學家們終於開始接觸這個話題了。他們檢查完所有的食物，再對它進行分析和歸類，最後又將它們還原成簡單的元素。他們對惰性物質的變形過程進行研究，了解它們作用的原理，進而解釋了消化吸收之謎。他們關注節食的影響，無論是短期的還是長期的，一天、一個月或整個一生都被容納在其中。他們發現了思維能力會受到飲食的影響，探索思維是受感覺的約束，抑或自成一體、不用其他器官的協助。從這所有的一切中，他們歸結出了偉大的理論，這個理論可以闡述人類和動物的任何行爲。

雖然這一切是在學術界中進行的，但在沙龍中也有一種說法：爲人提供營養的學科，必須與教導如何殺人的學科擁有同等地位。詩人們傳頌的是宴會的愉悅，把佳餚作爲闡釋中心的書也會因爲觀點獨特而備受他人青睞。

美食學就是在這樣的社會背景下應運而生的。

美食學的定義

美食學是對人類營養問題的理性闡釋。它用極佳的、營養的方式來保證人類的健康。它根據指定的規則，給尋覓、供給或者準備食物的人指導和幫助，藉以發揮它的作用。

總而言之，美食學爲所有參與食品工業的人提供服務，其中囊括了農民、漁民、獵人、葡萄種植者、各類廚師，以及享有食品相關的稱號和從業資格的人員。

美食學包括以下內容：

自然史：它將食品原料分門別類。

物理學：它研究了食品原料的特性與組成。

化學：它對食品原料展開許多溶解和催化的實驗。

烹飪：它探求製作佳餚的方法，崇尚鮮美的味道。

商業：它將原料成本降到最低，而將產品的市場價值提到最高。

最後是政治經濟學：它主要關注的就是食品工業對國家稅收做出的貢獻，以及在國際交流中所體現的價值。

可以這樣說，美食學由生到死陪伴人們，終其一生，從剛出生的嬰兒想要喝奶，到彌留之際的人一息尚存只爲了能夠喝上一口優質的啤酒，社會各個階級的人都能體會到它所帶來的影響。兩國君主會面時，美食學將爲他們的宴會提供依據；當你煮蛋時，美食學讓你的火候恰到好處。

美食學將所有可以食用的東西都作爲它的研究對象，它的主要目標就是個體的生存。爲了實現這個目標，它對種植、生產、商貿和材料工業，以及物盡其用的經驗等方面進行了研究。

美食學的多種研究

美食學在研究味覺器官時，發現了它既可使人愉悅，又能讓人痛苦的特徵。它意識到味覺很容易沉浸在不斷地尋求更高的興奮感之中。所以它規範人的行爲，並設定了有尊嚴的人絕不允許自己跨越的原則。

與此同時，無論你處於清醒狀態還是睡眠狀態，無論你在運動還是休息，它都研究了食物對人的性格、想像力、幽默感、判斷力、勇氣和觀察力的影響。

美食學爲我們指出了各類食物在什麼狀態下是最美味的，因爲每種食物都有自身最佳狀態的條件。

有些食物還沒成熟時就應該吃，像酸豆、蘆筍、乳豬、乳鴿和其他年幼的動物食材；而有些食物必須要熟透了才能吃，像瓜類、絕大多數的水果、羊肉、牛肉和其他成年動物的肉；有些食物在開始變味的時候最好吃，像歐楂果、山鷸、雉雞，尤其是雉雞肉；還有就是馬鈴薯、木薯等類別的植物，必須要去掉毒素後才能食用。

再者，美食學按照食物的特性將其歸類，並介紹了哪些食物可以一同食用。在對每種食物進行不同的營養成分測試後，就可以知道哪些食物是我們飲食結構中不能缺少的，而哪些食物只是起到輔助作用的。除此之外，我們還應清楚哪些食物雖然對人體健康作用不大，卻能夠令人心情暢快，進而成爲人類宴飲聚會中不可或缺的一部分。

它也會指導我們如何按照季節、地域、氣候等條件選擇有利於身體健康的飲品，告訴我們如何製作這些飲料並保鮮。尤爲重要的是，它會爲我們提供飲用飲料的順序，以此保證我們享受到的是最好的口感，也使我們不會因爲過度飲用而超過了合理的界限。

美食學以各國風物爲著眼點，強調國際交流的重要性。所以可以說，一桌完美的宴會彷彿是世界的縮小版，各地的特色在其中都得以展現。

美食學常識的作用

了解一些美食學的常識非常重要，能夠增進人們的幸福。與此同時，隨著社會階層的提升，美食學的應用也越加深入。有可能是出於回報社會的責任，有可能是遵從個人的意願，有可能是追隨社會的潮流，總之美食學對那些擁有巨額財富、大擺筵席的人來說是不可或缺的。

美食學的獨特優勢在於：人們在餐桌旁既可以保持個體的享樂狀態，又可以在一定程度上管理社交情況，甚至可能得到某些機會指引。

有一次，蘇比斯王子要召開一次晚宴，他吩咐隨從去開菜單。他的餐廳總管帶著一張寫得滿滿的清單來到他身邊，首先映入王子眼簾的第一項是五十隻火腿。王子說：「貝特朗，我想你太過奢侈了！五十隻火腿？你打算宴請我的整個兵團嗎？」

總管說：「不，不是您想的那樣，王子，餐桌上只要一隻火腿就夠了，其餘的是我用來做調料、裝飾和配菜的。」

王子說：「貝特朗，這簡直是搶劫，我不會允許你這樣做的。」

這位堪稱藝術家的總管幾乎無法克制自己的憤怒，他答道：「大人！您不了解做菜的原理。我爲了五十隻火腿而冒犯您，只是因爲想要將它們放在拇指大的水晶瓶裡呈上宴會！」

我們該怎樣面對如此積極的發言呢？蘇比斯王子笑著低下頭，批准了這筆開支。

美食學的現實效用

有目共睹的是，過著簡樸自然的生活的人們總是會在飯桌上解決較爲重要的問題，粗魯的人則會在暴飲暴食中選擇戰爭或者和平，甚至在離我們很近的農村裡，村民們也會很樂意去小酒館中探討生計與事業的相關問題。

達官貴人們也很注重此事，他們知道一個饑餓的人與一個酒酣耳熱的人之間的差異，也知道一桌飯菜對主客雙方的重要性。酒足飯飽後，人與人之間更易產生共鳴，接受影響，這也是政治美食學的開端。美食儼然成了治國利器，許多國家就是在宴會上決定了未來的命運。我們所說的並非悖論，也不新奇，只是一個透過簡單觀察得到的事實。打開從希羅多德（Herodotus）到今天的歷史學家的每一本著作，你會發現，包括陰謀在內，幾乎所有大事都是在飯桌上構想、籌措和準備的。

Ⅳ

論食欲
On Appetite

食欲的定義

生命與運動會不斷消耗生物體內的物質，而人體這部最精巧的機器，得益於上天給予的警示系統，才不致因體能消耗過度而垮掉。這個警示系統就是食欲，它在第一時間提醒我們身體能量匱乏。

食欲的產生源於胃處於空閒狀態，以及身體有所倦怠。不僅如此，大腦會不由自主地去關注與自身需求相符的東西，人們很容易想起好吃的食物，想像美味食物的外觀，就像在夢裡一樣。這種感覺令人悠然自得。我以前見過爲數不少的美食家眞情流露地說：「有食欲眞好，要知道有各種各樣的美味等著我們去享用呢！」

這時，整個消化系統處於興奮的巔峰，胃也越來越敏感，分泌出的消化液也變多，肚子裡的氣體隨著移動發出咕嚕聲，嘴裡唾液豐富，每個消化器官都在摩拳擦掌，就像是士兵等待衝鋒陷陣的命令。不一會兒，胃就會出現痙攣反應，人們會情不自禁地打哈欠，還會伴隨著胃痛、饑餓等感受。

在所有等待用餐的人群中，我們都能輕易地發現有上述症狀的人。這些狀態是人的本能反應，並不能依靠禮貌和自制力隱藏起來。所以我得出了一個結論：「廚師的美德就是按時上菜。」

軼事

古羅馬時期有這樣一句墓誌銘：「我是重要的經歷者。」

接下來，我會根據自己從宴會上的所見所聞，來詮釋這段墓誌銘。透過觀察，我感到愉悅，也使我從最近一次極度的痛苦中解脫出來。

一次，我被邀請參加一名政府高官舉辦的宴會，請柬上寫的時間是下午五點半。人們都按時赴約，他們都知道主人討厭沒有時間觀念的人，如果有人不守時，主人就會露出不滿的神情。

但我驚異地發現，每個與會者都很浮躁不安，他們相互攀談，時不時朝窗外望去，有些人甚至表情僵硬。顯而易見，肯定是發生了非比尋常的事。

我向人群走去，挑了一位自認爲能夠滿足我好奇心的人，向他諮詢事情發生的原委。他極度沮喪地說：「唉，主人因事被召去樞密院了，不知道什麼時候能回來！」

我刻意用毫不在乎的神情掩藏我的眞實感受，說：「這不是什麼大事啊，可能是因爲他知道一些別人不知道的資訊。我想過不久他就能回來了，他們也知道這場宴會是很正式的，沒理由讓我們一直餓肚子。」儘管嘴上說得雲淡風輕，可我內心也很焦慮，巴不得自己沒來參加這次宴會。

一個小時很快就過去了，人們因交流聚在一起，很快就找不到其他的話題了，便開始揣摩國王召見他去杜樂麗宮的原因。

兩個小時後，人們已十分不安了。我觀察到每個人的眼神中都流露出焦慮的神情，有三、四個人因爲不高興而在嘀咕著什麼。他們沒有找到合適的位置坐下，所以比其他人更加焦慮。

三個小時過去，不滿的情緒不斷擴散，人們都有苦難言。有人說：「還要等到什麼時候啊？」另一個人則說：「眞不明白他在想什麼。」第三個人說：「我快撐不下去了。」所有人都苦惱著要走還是留。

又等了一個小時，人們更爲不安。他們伸胳膊扭腰，一旁的人還要注意保護好眼睛以免被戳傷。角落裡的哈欠聲連綿不斷，人們還要假裝專注。我鼓起勇氣說：「給我們帶來痛苦的人才是最痛苦的。」可是並沒人回應我。

一件出乎意料的事短暫地轉移了人們的注意力。其中有一位客人與主人比較熟，他跑去廚房，回來的時候上氣不接下氣、臉上的表情像是世界快要滅亡一樣。他的聲音幾難聽聞，像是希望所有人聽見，又不希望所有人聽見。他說：「主人走時並沒有告知廚房準備飯菜，所以無論他什麼時候回來，在那之前我們都開不了飯了。」他的一番話就像是晴天霹靂，與聽到世界末日來臨所差無幾。

在眾多的犧牲者中，最可憐的非巴黎富豪代格勒富伊莫屬：他彷彿正在受罪，臉上有和拉奧孔（Laocoon）一樣痛苦的神情；他神色黯淡，心不在焉，靠在椅子上，兩隻小手托著大肚子，然後閉上雙眼。彷彿他不是睡著了，而是在等死。

不過死神並沒有光臨，快到晚上十點時，人們聽到了院外的車馬聲時都情不自禁地站了起來，焦慮痛苦過後取而代之的是喜悅。不到五分鐘的時間，我們已經在餐桌旁落座了。

可惜的是，已經沒什麼食欲了，在這樣一個不恰當的時間吃飯，也可以稱得上是件異於尋常的事。儘管嘴在不停地咀嚼，但是腸胃卻沒有消化，此後我發現這種情形會給人帶來很多不便。

我從此事中汲取的教訓就是：在餓了很久以後，不宜馬上進食，應該先飲一杯糖水或者肉湯，讓胃的饑餓感得到舒緩，十分鐘或十五分鐘後才可以開始進食。不然的話，胃就會因爲痙攣而無法承受大量食物所帶來的壓力。

大胃王

早期的文獻曾記載，一個人吃下兩、三人份的食物的故事。我們很容易得出結論：早期人類的食欲比現今我們的食欲大得多。

古代人認爲食欲與個人尊嚴成正比。在宴會上，如果有人被分到了五歲小牛的全部脊骨，那麼他就要相應地喝完他提都提不動的酒。

我們之中的有些人甚至親眼見證過老前輩們大吃大喝的情況，也有很多案例是，即便面對不好吃的東西，當時的人們食欲依舊很強。在這裡，我就不與讀者一一細數那些令人咋舌的情況了，我將用自己參加宴會的親身經歷來闡述這個論點。但是我的觀點是否合理，全由讀者自己分辨。

四十年前，我對法國東部布雷涅地區的神父進行了一次短暫的訪問。他身材健碩，食欲在當地也是赫赫有名。

當我抵達時，還沒中午，他卻已經將餐桌前的湯與燉肉吃得精光。之後，他還吃了一條皇室羊腿、一隻閹雞與一大盤沙拉。他發現了我的到來，立刻邀請我與他共同進餐，但我回絕了。現在想來，我當時的決定是非常正確的，就算沒有我的幫忙，他吃完那些食物也是輕而易舉的事：羊腿和閹雞都只剩骨頭，沙拉只剩下個盤子。

緊接著他需要解決的是一大塊白色的乳酪，他從九十度的方向切了一塊下來，就著一瓶酒與一大杯水將它吃完了。酒足飯飽之後，他進入了休息狀態。讓我覺得欣慰的是，在他吃飯的四、五十分鐘內，這位令人敬仰的教父依舊悠然自得。他並沒有因爲大吃大喝而默然不語，而是侃侃而談，就像他剛剛吃完一對百靈鳥般。

與此類似的還有比松將軍。他每天吃早餐時都要喝八瓶酒，卻依舊能夠談笑自若；他酒杯的容量都比別人大，喝的速度也比別人快。你也許會覺得他這樣是沒有經過大腦思考的，但喝兩加侖的酒對他來說跟喝一杯白開水並沒有差別，喝完仍舊可以談笑風生，下達指令。

他的名字不禁讓我聯想到了另一位英雄——西比埃將軍。他之前是馬塞納將軍的隨從，之後爲戰爭奉獻了生命。將軍十八歲時胃口就極大，與生俱來的好胃口也是他不同凡響之處。一天晚上，他走進一家小店的廚房，這家小店的主顧們都喜愛喝酒吃肉，他們一邊吃花生一邊品味著當地的特產——發酵不完全的白酒。

一隻鮮美的火雞，烤得外焦內嫩，恰到好處，剛從烤叉上取下來，香氣四溢，令人垂涎三尺。這幫酒友已經吃飽喝足了，並沒有被這隻烤雞所吸引，但是這一下就引起了西比埃的食欲。他開始流口水，大聲說道：「我剛吃完飯才過不久，你們相不相信我能夠一個人吃完這隻火雞？」

現場的一位農夫回答道：「你如果能一口氣吃完，我就買單；如果你中途停了下來，那你來買單，而剩下的火雞就是我的了。」

比賽就這樣開始了。這位年輕將軍極其靈活地扯下了一個雞翅，兩口就吃完了。緊接著，他在啃雞脖子的中間快速清洗自己的牙齒，並且在這個過程中喝了一杯葡萄酒。接下來他開始吃雞腿，跟吃雞翅的速度一樣快。與此同時又喝了第二杯酒。馬上，第二根雞翅也被他吃進了肚子裡。再來看看這位食客，依舊神情堅定。他拿走最後一根雞腿，狼吞虎嚥地吃完。此時，那位可憐的農夫已經被嚇到了：「唉，我願賭服輸。西比埃先生，看在我買單的份上，你也應該給我留一口啊！」

西比埃年輕時就很出眾，後來他又成爲一名著名的軍官。他沒有拒絕對方的懇求，留了很大一部分雞肉給他。那個人興高采烈地付了雞肉錢與酒錢。

西比埃總是會樂此不疲地向人述說他年輕時的經歷，他說他沒有拒絕那位農夫是因爲禮貌，他絕對有信心能夠贏得那場比賽。當然，從他四十歲時仍舊胃口十足，我們就可以知道他年輕時的打賭一定會贏的。

V

食物總論
On Food In General

定義

食物的定義是什麼？通俗的回答是：食物就是能夠爲人們提供營養的東西。科學的答案是：所謂的「食物」就是那些被我們呑進胃裡，可以被分解吸收，以此來緩解我們的生活壓力，提高體能的物質。所以，食物與其他物質的主要區別就在於它能夠被動物消化。

肉香質（osmazome）

食品化學上的巨大成就正是發現了肉香質，當然，更爲恰當的說法是——理解肉香質的妙用。肉香質是肉中不可或缺的味覺物質，不同於其他物質只能溶於熱水，它能夠在冷水中被融化。肉湯鮮美的原因就是肉香質，香酥的烤肉也因爲含有肉香質而變得美味誘人。像鹿肉與其他野味之所以那麼鮮美，也是得益於肉香質。

身體健碩的成年動物身上含有豐富的肉香質，而在我們所熟知的羊羔白肉、乳豬、雞與其他大型鳥類的翅膀及胸肉中則少見，這一點也可以用來解釋爲什麼美食家對雞屁股情有獨鍾。由此可知，味覺的本能引領著科學的發展。

因此，在肉香質還沒有被發現時，人們對它的特性就有了循序漸進的了解。在這個漫長的過程中，因爲堅決倒掉第一次燉煮豬肉的清湯而丟掉工作的廚師不計其數。儘管那時「肉香質」這個詞還沒出現，但是人們已經意識到它對美味清湯的影響。因爲那時的人們把肉湯燴餅作爲一種補藥，才使得夏弗利爾（Chevrier）的帶鎖鍋應運而生。夏弗利爾的經典之作是「星期五的菠菜」，他從周日就開始籌備烹飪，每兩天就用新鮮的牛油再次烹調。

而在很早以前，人們就無法抑制自己對這種特殊物質的好奇心，不斷揣摩。在一些俗語中可以發現人們早已認識到它的重要性。俗語大致是這樣說的：「想煮出好湯，鍋子必先微笑。」這個俗語已經無法追根溯源，但能夠確定的是，在肉香質未被發現的年代裡，前人已經了解它的作用。肉香質的發現是在最近幾年，這跟酒精的發展有相似之處：雖然之前人們會因它而醉倒，但直到很久之後，人們才發現可以透過蒸餾技術將它提取出來。

同樣的，我們可以在沸水的幫助下提取出肉香質，它是一種囊括了肉質的兩種主要成分在內的綜合物。

動物性營養成分

肌肉組織的構成元素之一就是纖維，在烹調之前我們是看不見它的。透過沸水熬煮後，它的形狀並沒有改變——除了最表層的纖維有些許的脫落外。切肉時最好使刀刃與纖維成直角或者接近直角，這樣切出來的肉不僅外表好看，而且味道更加鮮美，也更易咀嚼。

骨頭裡有豐富的膠質和磷酸鈣。而年齡與膠質含量成反比。當一個人到了七十歲，骨頭就像是四處可見裂縫的花崗岩一般。因此，老年人的骨頭是很嬌弱的，要慎防跌倒。

肉與血都含有蛋白質，當達到一定的溫度，蛋白質就會凝聚起來。肉湯上附著的泡沫或皮，其主要成分都是蛋白質。

膠質大多隱藏在骨骼與軟骨中，其特徵是在常溫下會凝固。當熱水中融入了百分之二點五的膠質時，就會出現凝固現象。膠質最主要的用途就是用來製作肥肉凍、瘦肉凍、牛奶凍和其他這類的食物。

脂肪依附在細胞組織之間，是一種固態油。也許是自然或者人為原因的關係，像豬、家禽、雞、鵪身上的脂肪含量都較爲豐富。在某種程度上，這會讓這些動物肉味更鮮美。血清蛋白、纖維蛋白，些許的膠質與肉香質是動物血液的構成元素，它在沸水中呈凝固狀態，進而也可以看作是一種營養豐富的食材，製作黑香腸的時候就能用到。

上文所說的營養成分，都是人體與經常被人們食用的動物同時具備的，所以，我們能輕易理解動物性食品對人類健康的重要性。因爲動物身上的構成要素與人類相差不大，人類消化吸收這些動物性營養成分時，不必像消化吸收植物性營養成分那樣，要經過「動物化」的步驟。

植物界

不過，植物作爲營養來源，其種類也是相當豐富的。

澱粉不需要添加任何其他東西，就可以成爲無可挑剔的營養品。這裡所謂的澱粉是指從穀物、豆類與馬鈴薯之類的植物根莖中提取出來的粉狀食品。澱粉的主要用途是製作麵包、蛋糕與各種粥類，爲人類提供豐富的營養。

有人說只吃素會讓人全身乏力。印度人因爲只吃大米，所以對於外來的侵略他們從不反抗，這一事實經常作爲例子來佐證以上觀點。

家禽們似乎都偏愛澱粉，並且吃澱粉會讓牠們長得更壯。究其緣由是牠們最初的食物僅僅局限在乾草、青草或菜類，以澱粉取而代之，理所當然營養充足很多。

糖也具有同等的重要性，它不僅是食品，還是藥品。糖起源於西印度群島及美洲殖民地，在十九世紀初傳入當地。在葡萄乾、蕪菁、栗子與甜菜中都有糖分的身影。可以毫不吹噓地說，歐洲自己生產的糖絕對足以供應我們的需求，不必從美洲或者西印度群島進口。這個例子告訴我們，該學科對社會的影響是多麼重大，而其應用的廣泛程度更尚未可知。

無論是固態的糖還是包含在各種作物中的糖分，營養價值都不容小覷。英國人把糖摻到馬的飼料後發現，馬的耐力比以前強了很多。在路易十四時代，只有藥店裡才賣糖，但是它廣受歡迎，使得很多行業應運而生，像甜點店、糖果廠飲料廠。並且我推測，以後還會有更多新興行業。

甜味劑是從植物中提取出來的，不過要與其他食品結合才能食用，所以，人們通常把它當成一種調味料。

麵包的發酵少不了麵筋的參與，起士裡也有這種成分。而化學家竟然都把它歸類在動物性脂肪。巴黎有一種蛋糕，很受兒童與鳥類的歡迎，不過在法國的某些地區，成年人也會食用這種蛋糕。這種蛋糕含有大量的麵筋，要從澱粉中過濾掉水分後再提純。

膠質在緊急情況下也可以食用。這不足爲奇，膠質的成分與糖是沒有差別的。

植物膠源自一些水果，像蘋果、醋栗等，這些水果都可以食用。添加糖分後，植物膠的功效會有所提升，但跟從骨頭、角、牛蹄、魚膠中提取的動物膠相比，仍稍顯遜色。這些食品集好消化、美容、健身的功能於一身，所以它們一直都是廚房與麵包作坊裡的寵兒。

VI

論特色菜肴
On Food In General

儘管在我動筆寫作之前，已經對全書的整體架構成竹在胸了，但眞正開始寫作後，進度卻不是很理想。一方面是由於我得擠出一部分時間去做更重要的事；另一方面是在寫作的時候，我發現好多我自以爲是最先提出的理論，其實前人早有相關論述。可想而知，書的那一部分內容只能重新修改，最後那部分內容改動的幅度很大，只留下極少的基本原理與較爲新穎的理論，以及我長久的實踐心得。但願讀者看到這些內容時不會覺得枯燥乏味。

法式火鍋（pot-au-feu）

法式火鍋這道菜的做法是將牛肉塊放到淡鹽水中熬煮，這樣肉中的可溶性成分就會被提取出來。煮過牛肉的湯也稱爲清湯。而煮過的牛肉，可溶性成分已經消耗殆盡，所以我們把它叫作燉肉。

首先被水溶解的是些許的肉香質，緊接著就是蛋白質。當溫度適中時，蛋白質就會凝聚，形成泡沫依附在肉湯的表面。人們往往會將它過濾掉，剩下的肉香質與肉汁也開始融入湯中。最後，隨著沸水的不斷翻騰，肌肉表層的纖維也開始脫落。

做出好吃的法式火鍋的關鍵是用小火慢燉，只有這樣才能確保蛋白質在溶於湯之前，沒有在肉中凝聚。這道菜尤其得注意，火候一定要特別小，只有這樣，肉中的各種成分才能循序漸進地溶解於湯中，並且混合得恰到好處。人們喜愛在湯中添加蔬菜，這樣味道會更清爽，接著再加入麵包或麵餅，使其營養豐富。我們把添加了這些東西的肉湯稱之爲蔬菜濃湯。

蔬菜濃湯很好消化，利胃健脾，營養豐富，老少咸宜。它能增強胃的消化與吸收，容易發胖的人可以選擇只喝清湯，不吃蔬菜濃湯。

很多人都說只有法國的蔬菜濃湯才是最正統的，我自己的旅遊經歷也證明了此話不假。其實這也不足爲奇，因爲法國的飲食之本就是濃湯，幾個世紀的經驗自然而然地使它日臻完善。

水煮肉

水煮肉是一種比較健康的食物，它不僅能填飽肚子，而且很好消化，但營養成分卻比較匱乏，原因是在熬煮的過程中，最有營養的肉汁大部分已經揮發掉了。照一般規律來看，煮過的牛肉重量基本不及原來的一半。因此我們可以將吃水煮肉的人歸結爲四種：

第一類是受習慣影響的人，他們吃水煮肉只是因爲他們的父親吃水煮肉，並且這些父親很樂意讓自己的孩子與自己相同。

第二類是急性子的人，他們不喜歡在飯桌前約束自己，他們只要看到上菜了就會迫不及待地想大快朵頤。

第三種就是不細心的人，這些人思想保守，對他們而言，食物之間沒有差異可言，吃飯只不過是每天必須完成的任務，餐桌對他們的意義，就像是沙灘對牡蠣的意義。

第四類是不知滿足的人，他們急切地掩飾著自己胃口大的事實，所以刻不容緩地先咀嚼一點東西來壓制他們極強的食欲，爲之後優雅的進餐打好基礎。

教授們是絕不會吃水煮肉的，他們認爲水煮肉就是沒有肉汁的肉，並且在講課時也會如此告誡他們的學生。

家禽

我是「第二因」的絕對宣導者，我堅信上帝之所以創造家禽，爲的就是使我們的餐桌和食品種類更加充實。

大至火雞，小至鵪鶉，無論是什麼樣的家禽，都結合美味、好消化的優點於一身。體弱多病的人也好，健康強壯的人也罷，都可以食用家禽。在沒有醫囑的情況下，很多病人都喜歡吃熟透的雞翅。想吃雞翅代表了病人能很快痊癒，重新踏入社會。

但是，由於人們對肉質挑三揀四，於是打著「改良品種」的旗號對牠們進行了人爲的干涉，並且讓牠們的整個種族都成爲人類的殉葬品。如今，人工孵化代替了自然繁衍，我們將牠們獨自關在荒無人煙的地方，不去徵求牠們的意見，逼迫牠們吃催肥飼料，最後使牠們一個個的體型都達到了自然狀態無法匹敵的程度。我必須承認這種人工的養殖方法也孕育出了美味，不過這些登上了大雅之堂的美食背後卻是種種粗魯、惡意的辛酸史。

家禽經過改良以後，已經成了廚房裡不可或缺的一部分，它的重要性與畫家的畫布、騙子的道具相比，有過之而無不及。牠們有很多種吃法：煮、烤、炸均可；熱的時候能吃，涼了也能吃；可以整塊吃也可以分開來吃；可以淋上湯汁吃也可以乾吃；可以剝皮去骨吃，也可以包在餡料裡吃。總而言之，無論什麼吃法都好吃。

火雞

火雞絕對是從舊世界邁向新世界最好的賞賜。

火雞可以算是最大的家禽之一，牠的美味並非源於人們的精心料理，而是來自其本身的味道。與此同時，牠還能夠集社會各階層的寵愛於一身。當農夫與葡萄園工人在寒冷的冬夜尋找娛樂時，他們會將什麼食物放上烤架呢？農家的廚房就是吃飯的地方，他們總是邊吃邊烤。所以，答案顯而易見：就是火雞。

當一個極度熱愛工作的藝術家像鐵樹開花般邀請朋友一同享受假日，你覺得他們的餐桌上最美好的食物是什麼？一定是塞滿了香腸肉餡與里昂栗子的火雞。

在別緻的美食場合與重要的聚會中，人們用味覺的學術問題取代了政治問題。在這種場合中，人們希望上的第二道菜會是什麼呢？答案是松露火雞。我在自己的備忘錄裡曾這樣寫道：鮮美的肉汁使得那些善於社交的人們吃得酣暢淋漓。

教授的故事

當我住在康乃狄克州哈特佛時，幸運地參加了一場獵火雞的活動。這是一個值得向子孫後代傳誦的故事，我總是會樂此不疲地對人述說，因爲我就是故事的主角。

我曾受一位居住在美國偏遠地區的農民朋友邀請，與他同享幾天狩獵的美好時光。他跟我承諾一定會獵到山鶉、灰松鼠、野火雞，他還叫我再帶一位同伴。

於是，在一七九四年十月的一個陽光明媚的日子，我與我的朋友金先生雇了兩匹馬動身。我們從哈特佛前往巴羅先生家的農場，大約五里的路程，傍晚即可到達。

金先生是個行爲異於常人的狩獵者，他喜愛打獵，但是當他成功獵殺動物後，他又會感傷於獵物的不幸，還會對自己的行爲產生罪惡感。

儘管路途崎嶇，我們還是順利到達了終點。雖然主人沒有客套地噓寒問暖，但是他的行爲已經告訴我們他有多麼開心我們光臨：短短幾分鐘的時間，我們兩人、兩匹馬、還有我們攜帶的狗都被安置妥貼。

我們用兩個小時參觀了他的農場，具體情況就不再囉嗦了。值得一提的是巴羅先生四個優雅美麗的女兒。我們的到來對她們來說相當稀罕。四名女孩年齡最小的約莫十六歲，最大的二十歲，她們的一顰一笑都魅力十足，流露出一種樸實無華又清純可愛的氣質。

參觀完農場，主人便盛情邀請我們參加豐盛的晚宴。有一塊祕製的醃牛肉、一隻燉鵝、一隻超大的羊腿，還有各式各樣的水果。在餐桌的兩端各放了一杯蘋果酒——這美味的飲料讓人回味無窮。

我們用自己旺盛的食欲告訴了主人我們是實至名歸的狩獵者。之後，主人竭盡所能地向我們述說了獵物較多的地方、我們應沿著什麼標誌返回、以及我們農舍的位置、我們可以在何處得到補給等等。

我們一路暢聊，品味著女孩們泡的茶，每個人都喝了好幾杯。茶會結束後，主人帶我們前往臥室，那裡有兩張床，白天的倦意開始湧現，再加上酒精的作用，我們很快就睡熟了。

第二天清晨，我們動身時已經有點晚了。穿過巴羅先生家的開墾地，我們第一次置身於從未遭受破壞的原始森林。越往森林裡走，就越被周圍迷人的景色打動，更加欲罷不能。這一路上，我見證了時間身爲造物者對物種的賜予，也見證了時間作爲終結者的殘忍。我目睹了一棵橡樹由生到死的變化過程，從破土而出的幼苗、只有兩片葉的嫩枝、到粗壯、烏黑、中間空空如也的枯樹，這一切都讓我產生淡泊明志之感。

過了一會兒，金先生示意我們開始捕獵，我的思緒才停止湧動。首先捕獲的獵物是幾隻小灰山鶉，肉量多、肉質細膩。此後，我們又捕到六、七隻灰松鼠，這在當地是價值連城的。沒一會兒，幸運之神降臨，我們看到了一群野火雞。牠們時飛時停，叫聲此起彼落。金先生一聲槍響就朝他的獵物奔去了，而我原以爲其他火雞已經不在射程範圍內，殊不知在離我十步之遙處，還有一隻漏網火雞。就在牠準備逃走時，我迅速地將牠一槍斃命。

只有狩獵者才能體會射擊帶來的享受。我把玩著那隻代表成就的火雞，聚精會神地觀察了快一刻鐘，直到我突然聽見金先生求助的聲音，才急忙朝聲音來源奔去。豈料他只是希望我可以幫他找一隻野雞，然而他要捉的那隻野雞早已不知去向了。這時，狗派上了用場，把我們引去一個灌木叢生的地方，但那裡好像有蛇棲居，所以我們不得不就此作罷。金先生因此怒火中燒，直到回家還是念念不忘。

回家的途中，我們一時無法在樹林中找到出路，就在我們無望地尋找光明時，忽然傳來了女孩們的呼喚，還有她們父親低沉渾厚的聲音。他們眞是太善良了，竟然出來找我們，幫助我們擺脫了險境。

這四姐妹穿上了最好的衣服，配上了簇新的腰帶，戴上最俏皮的帽子，穿著精緻的鞋子，完全可以看得出來是爲了討好我們。在我看來，假若她們之中的任何一位走到跟前，像妻子一樣挽住我的胳膊，我都會竭盡所能地展現出穩重踏實的男子氣概。

當我們抵達農場時，晚餐已準備就緒。儘管外面溫度不低，但是主人還是爲我們生起了爐火。吃飯前，我們在烈焰四射的爐火旁小憩了一會兒，溫暖帶來的舒適安逸讓白日裡的倦怠奇蹟般一掃而空。毋庸置疑，這種習俗源於印第安人，他們帳篷裡的火種從來不會熄滅。這極可能是受到方濟會的影響，在此教會看來，火是一年十二個月中最不能缺少的。

我們非常餓，食不知味地吃著飯。在那麼多食物中，堪稱一絕的就屬賓治酒（Punch）了，其成分包括：蒸餾酒、糖、檸檬、水與茶。這個晚上是在歡快中度過的，男主人不再緘默，與我們侃侃而談到了下半夜。

我們說到了獨立戰爭，那時巴羅先生還是一名軍官，曾爲國家立下汗馬功勞。我們還說到了拉法葉侯爵（Marquis de La Fayette），他在美國人心中是完美無瑕的。美國人對他從不直呼其名，而是尊稱他爲侯爵。我們也聊到了農業，因爲那時的美國就是靠農業起家致富。此後，我們說到了我摯愛的法國，沒有什麼能比它更有親和力，但是我卻身在異鄉，有國難回。

在聊天的過程中，巴羅先生希望我們放鬆了一點，他喚來大女兒：「瑪利亞，爲我們唱首歌。」她接二連三地唱了好幾支流行歌曲，像《揚基都德爾》、《瑪麗女王輓歌》、《安德列少校之歌》等，聲音稚嫩但很悅耳，在這個人煙稀少的地方，她儼然可以稱得上是藝術家了，而最打動人心的是她的聲音竟那般溫婉輕盈。

第二天清晨，我們向主人辭行，雖然他執意挽留，但我們仍按計畫離開了。在替馬套上馬鞍時，巴羅先生將我叫到一旁，語重心長地說：「如果要說世界上最幸福的男人，那麼非我莫屬。屋裡所有的東西，全都出於這片土地。我的女兒爲我織了這些襪子，鞋、衣服、食物全是從家禽、家畜身上所得到，我們的飲食樸素但豐盛，並且我們利用自家的庭院與牧場就可以自給自足了。政府是成就這一切的最大功臣，康乃狄克州讓無數的農戶與我一樣豐衣足食，享受著安逸的生活。」

「這裡的稅率很低，只要按時繳清就萬事大吉了。議會不遺餘力地爲我們創辦工業，仲介會收購我們種植的每一畝作物。如今我已經爲以後準備了充足的資金，這段時間，我以每噸二十美元的高價賣出了我的麵粉，而以前的價格不到現在的三分之一。

「之所以能有這一切，完全得益於我們難能可貴的自由與保證自由實現的法制，我們自己當家做主。在這裡，只有七月四日國慶日那天才能聽見戰鼓聲；在我們這裡，你是見不到士兵、軍服、刺刀的身影的。」

在歸途中，我千頭萬緒。你也許會覺得我是在回想巴羅先生臨走時的那番話，其實不然，我想的完全是另一件事。因爲我打算爲我的美國朋友準備一場豐盛的晚宴，所以我在想如果哈特佛的設施不夠該如何是好。我不想讓我的努力白白浪費。

我決心做出痛苦的犧牲，在此就不贅述我是如何準備的。不過你看到下面的兩道菜你就會清楚了：一是放在油紙裡的山鶉翅，二是馬德拉白酒（Madeira wine）燉灰松鼠。

我們唯一能烤的佳餚就是火雞，好看、好聞又好吃。從上菜到客人全部吃完，像「太好吃了」、「眞的太棒了」、「無以倫比」這些讚美之詞一直連綿不斷、不絕於耳。

魚類

一些擺脫了傳統觀念影響的智者堅信，海洋是孕育所有生命的溫床。在他們看來，海洋是人類的發源地，但因爲空氣與其他新環境條件的產生，使得人們不得不改變生活習性，成就了如今的狀況。

無論如何，有一點可以肯定：海洋中物種豐富，種類齊全，生命特性也完全不同，跟溫血動物的身體系統截然相反。還有一點可以肯定：魚類總是會隨時隨地提供我們豐富的營養。在如今的科學技術下，魚類能夠豐富我們的餐桌，爲我們提供各式各樣的菜色。

魚類的營養不及肉類，但是味道卻比蔬菜好。所以食用時沒有體質的限制，誰都可以吃，就算是病人也無須忌口。

希臘人與羅馬人雖然不擅長料理魚，但是他們比我們更加注重魚的原汁原味，所以他們總是能夠根據魚的味道輕而易舉地知道魚生長的海域。

究竟海水魚與淡水魚哪個更勝一籌，人們還暫無定論。這個問題想必永遠都不會有結果，因爲西班牙的諺語早就道出了眞相：「口味因人而異，爭論只會是水中撈月。」人人都有自己的性格，而感覺總是因太過細膩難以用言語表達。不僅如此，我們並沒有一個統一的標準去論斷鱈魚、多寶魚、鮃魚絕對比鮭魚、鱒魚、狗魚或者重達六、七磅的丁桂魚要好。但可以確定的是，魚類的營養不能與肉類相提並論。也許是由於魚類缺少了肉香質，也許是由於它占的比重不夠，使得同等大小的魚肉裡含有的營養要少得多。另外，貝類也是如此，尤其是牡蠣。所以，即便在餐前吃了很多貝類也不會覺得不舒服。

截至幾年前，無論什麼宴會都少不了吃牡蠣這一項。每人吃一羅（也就是十二打，一百四十四個）牡蠣已經屢見不鮮了。我好奇這些東西的重量，於是對此做了實驗，一打牡蠣含水分在內有四盎司重，也就是說一羅牡蠣重達三磅。如今，我很確定這樣的事實：同一個人，假如先吃牡蠣，他依舊會有胃口去吃別的食物；但是假如他先吃與牡蠣重量相當的肉類，就算是雞肉，他也會飽脹得受不了，再也吃不下別的食物了。

軼事

一七八九年，我以特使的身分入住凡爾賽宮，那時，我跟省法院祕書拉波特先生的交情比較緊密。拉波特對牡蠣情有獨鍾，他時常埋怨不管吃多少牡蠣還是很餓。我決心滿足他的需要，所以邀請他共進晚餐。

他準時抵達，我同他一起吃了三打牡蠣，接著他一個人自得其樂地繼續大吃，一共吃了三十二打。由於服務生開牡蠣的速度較慢，因此足足吃了一個多小時。

那時我漫不經心地在一旁坐著。最後我實在是按捺不住了，不管三七二十一就請他別再繼續吃下去。我對他說：「兄弟，今天上帝壓根就不想讓你吃牡蠣吃到飽，所以我們吃飯吧！」我們吃飯的時候，他仍像禁食了很久一樣，胃口很大。

◆鹹魚醬

先人們能從魚中提取出兩種具提鮮作用的醬汁。

第一種是魚汁，是魚在醃製過程中產生的液體。第二種則更爲珍貴一些，不過現在卻鮮爲人知了。傳聞，它是透過壓縮鯖魚的內臟得來的。假如這就是事實，那麼它的價值不菲就沒有意義了。有一說是它的原產地在國外，說不定就是用如今印度出口到我國的那種魚以及蘑菇製成的醬汁。

有些民族受到地理環境的影響，將魚當作主食。他們的牲口也是吃魚的，雖然這飼料很特別，但牲口早已司空見慣了，更甚者還會將魚作爲土地的肥料。不僅如此，圍繞著他們的大海，總是會源源不斷地給予他們魚類，滿足他們的需要。

傳聞吃魚的人沒有吃肉的人健碩勇猛，他們面色蒼白。這不足爲奇，因爲魚的營養物質雖能使人體的淋巴液增多，卻不能增強血液循環。

也有另一種聲音說：吃魚能夠延年益壽。也許是因爲他們口味淡雅，食用量較少而遠離了多血症，也許是那些能促進骨骼與軟骨生長的魚本身就具有防止人體組織衰老的功能，而人體組織的老化只會造成一個結果——死亡。我們不去追究這種說法的正確性，但有一點可以肯定：魚到了廚藝高超的廚師手中，就能爲味覺提供源源不斷的享受。牠不僅可以整條吃，還可以分開吃；可以用水煮，也可以用油炸；可以吃熱的，也可以吃冷的，每種吃法都有它的鮮明之處。

雖然燉魚是船員們不可或缺的一道菜，但還是河邊小酒館做的味道更好。而這菜之所以會如此出名還是得益於船員們，酷愛吃魚的人也都喜歡這道菜。有的人喜歡它口感純正、健康，有的人喜歡它別具一格的特性，還有人喜歡它不會因爲吃得過多而使腸胃不易消化。

哲學家的沉思

魚類是一大群物種的統稱，在哲學家眼裡，牠總是能引發哲學式的深思與奇思妙想。

這些特異的生物形態各異，牠們的生活、呼吸、運動都受牠們所處的環境影響，牠們的感覺與功能則不是特別健全。這些現象對我們來說，都能讓我們的視野變得更加開闊。牠們赤裸裸地告訴了我們：物質、運動、生命的形式都具有無限性。

而我是用尊敬的心態來審視魚類的。我堅信牠們在遠古時代就已經存在，對人類與許多生物而言，諾亞方舟故事中的那場洪水給我們帶來了彌天大禍，但對於魚類而言，那是一個愉悅、征服與歡慶的時代。

松露

有些人說「松露」這個詞很偉大，因爲它給女性帶來美味與愛情，給男性帶來愛情與美味。

想要達成以上的差別，只有最名貴的根瘤菌（Rhizobium）才能做到，因爲它既美味又能提高性能力。

松露的起源無從考究，它是透過採集獲取的，但人們對它的發芽和生長方式迷惑不解。著名的學者對它進行了研究，傳聞人們已經找到了它的種子，松露極有可能會能夠人工種植。不過這只是天方夜譚、無法實現的願望罷了，因爲每次種植松露的嘗試都以失敗告終。但是我們並不用因爲失敗而垂頭喪氣，因爲松露之所以會如此名貴，就是因爲它在採摘供應量上的不確定性。如果人工培育的話，它的價格會隨之下降，而名貴程度也會大不如前。

某次，我向一位美麗的小姐說：「告訴妳一件值得開心的事，最近，鼓勵協會展出了一台機器，能以極低的價格爲我們製作出極爲華麗的蕾絲花邊。」那位美麗的小姐卻以毫不領情的口吻說：「那沒有什麼好開心的。你看，如果花邊很廉價，這些服裝對我來說就沒有任何魅力了，它們只會像垃圾一樣毫無價值。」

松露的催情效用

在羅馬時期，松露就已經是婦孺皆知的食物了。不過羅馬人好像沒品味過有法國特色的松露。豐富他們餐桌的是希臘、非洲和利比亞的松露，尤其是利比亞的。這些松露的主要顏色爲粉色和白色。利比亞的松露因爲集細嫩、美味於一身，成了最受歡迎的品種。

借朱維納爾的話來說：人們都在尋覓精品。

羅馬人與我們的時代之間有一段很長的空檔，那時松露幾乎被人們拋諸腦後，直到最近才又開始廣受追捧。我拜讀過許多古代烹飪的著作，但從未看見松露的痕跡。親身見證過松露是如何興起的人們在我寫這本書的時候正在慢慢走向死亡。

一七八〇年，松露在巴黎依舊很少見，偶爾會在美洲大酒店或者外省大酒店品嘗到，松露火雞更是一道絕世佳餚，只有大貴族和貴婦才能夠享用。

如今松露之所以貨源豐富，是因爲人們看到松露備受青睞，於是紛紛挹注資金於該行業。松露的代理商在法國隨處可見。因為買入價格高，還需聘請郵差和速度快的馬車來運輸，尋找松露這一新興行業逐漸興起。松露不能人工培育，所以只能透過細心地尋找來滿足市場的強大需要。

我創作這本書的時候，正是松露榮耀的顛峰時期。一道菜如果沒有松露的點綴就遜色了許多。無論這道菜本身有多麼美味，如果不加上一點松露，就不會受到青睞。並且，只要說到外省松露，每個人都會垂涎欲滴。炒好一盤松露是一個家庭主婦的榮譽，松露就像是廚界的鑽石。我曾深究松露被眾人青睞的原因。據我了解，松露的成分根本不足以贏得它今天的榮譽。這其中的奇妙之處在於大眾的觀念，即松露是愛情類食品。除此之外，我還堅信人類崇尚唯美、熱愛享受等行為的主因都跟愛情這個變幻莫測但又殘酷的情感有密切的關係。接下來我需要了解的就是這種觀念是否有事實根據。這眞是一個艱辛的過程，甚至還引來了許多嘲諷，也許悲觀主義者會覺得羞愧難當，但我認為找尋眞理永遠都是值得讚美的。

首先我觀察了女性，原因很簡單，女性對味道更加敏感，觀察事物也更細緻入微。不過我很快就發現這項研究遲到了四十年。大部分女性對我的問題加以譏笑，回答得也很含糊，只有一位女性對我直言不諱。她的話您也可以了解一下。這位女性機智但不做作，純潔但不拘束，在她的觀念裡，愛情僅僅是一種幸福的記憶。

她說：「先生，許多年前晚宴還非常流行的時候，某次我與丈夫和另一位朋友三人共進晚餐。大家都叫他沃瑟。他德才兼備，經常去我們家做客，不過他從來沒有對我做出輕浮的舉動，就算有時他向我袒露了他的傾慕之意，但也會小心謹慎，所以我也不覺得有什麼不妥。那一天，老天爺故意給了我與他獨處的機會——我丈夫臨時有事外出。我們晚餐的壓軸菜色就是松露禽肉，那是佩里戈爾（Périgord）的代理商給我們的禮物。那個時候，這樣的美味是極其稀罕的，從它的來處你就可以知道，它是無可挑剔的。松露口感極好，你肯定能明白我的喜愛之情，但是我抑制了自己，並且沒有喝香檳以外的任何東西。儘管我不知道究竟會怎樣，但是我的第六感告訴我這一夜會有不尋常的事發生。」

「我丈夫臨走時，讓我與沃瑟待在一起，他認爲，沃瑟是一個無須戒備的正人君子。剛開始我們隨便聊天，但是話題很快就朝著曖昧的方向走去。沃瑟一開始風度翩翩地說笑，緊接著卻開始恭維我，滿嘴的甜言蜜語，最後他發現我已經陶醉在他的侃侃而談中時，就向我示愛。他的動機已經一目了然，我這才如夢初醒，毫不猶豫地回絕了他，並且從內心開始鄙視他。但他仍不悔改，甚至想使用暴力，我當然是誓死不從，跟他保持距離。不過說眞的，我相信唯有這樣做，才不會讓他後悔。最後他離開了，我躺在床上睡下，睡得很香。但第二天早上，我還是在回想那件事，我深刻反省了一下自己的所做所爲，覺得羞愧難當。我理應在剛開始的時候就斷了沃瑟的念頭，更不應該與他那麼親密地談話。我不應該讓我的自尊沉睡那麼久，我應該用眼神使他敬而遠之，我應該拉響警報、大喊、生氣，做一切我之前沒做的事。我該如何表達呢？先生，我把松露看成是這件事的導火線，我確信是它讓我短時間失去了自己，在那之後，我就徹底地戒掉了松露（這個自我懲罰有點誇張）。到目前爲止我還是不吃松露，因爲松露在帶給我愉悅的同時還會讓我憂心忡忡。」

她如此地開誠布公，沒有一絲隱瞞。於是我下定決心一氣呵成，做更進一步的研究，我根據自己的經驗向一些爲人正直的人請教。我把他們聚集到了委員會、法庭、上議院、猶太教公會和最高裁判機關。我們得出了以下結論，而它們也將成爲二十五世紀學者寫評論時的依據：「松露談不上是一種春藥，不過大部分時候會使女性更加嫵媚，男性更易興奮。」

品質最好的松露是生長在山麓地帶的白色松露，稱得上絕世極品。它有著清淡的酸味，不過這並沒有讓它因此而遜色，因爲它不會讓人的口腔產生異味。佩里戈爾和普羅旺斯產的松露聞名法國。它們在一月份味道最爲濃郁。

人們一般都是透過特殊訓練的狗或者豬來尋找松露，不過經驗豐富的人憑肉眼就能信心滿滿地說出松露生長在哪個地方，以及它們的大致形狀和重量。

松露不易消化嗎？

目前需要探討的問題就是松露是否極難消化。

我們的結論是不難消化。之所以有這樣的結論當然有所依據：

1. 根據研究對象的質地——松露極易咀嚼，較輕，質地柔軟且韌性小。
2. 根據我們長達五十多年的細心觀察，在這些年裡，絕無一人因爲吃松露而消化不良。
3. 根據聞名巴黎的執業醫生的紀錄，須知巴黎可是美食家遍地開花的城市，而美食家大多對松露情有獨鍾。
4. 最重要的，根據法律界朋友的生活經驗所得。法律界的從業人員除享用了更多的松露以外，與其他階層的人毫無差異。這並不是空穴來風，像馬魯埃律師，他吃下的松露甚至連一頭大象都難以消化，但是他卻活到了八十六歲。

所以，可以說松露應是健康鮮美的食物。只要食用得當，它就會像信件被投入郵筒般在消化道中暢行無阻。

有些人認爲，當菜餚裡出現了松露就會使消化不良。其實，這種情況大部分都發生在暴飲暴食的人身上。吃完第一道菜，他們的胃就已經被塞得滿滿的了，但他們還是垂涎後面的美味，所以第二道菜上來之後還是不計後果地狂吃。

所以，消化不良的罪魁禍首並不是松露。或者這樣說吧，如果用重量相同的馬鈴薯代替松露，他們甚至會比現在更難受。

讓我們用一件眞實發生的事來做壓軸吧，這件事表明，觀察疏忽將會釀成大錯。

一次，我邀請西蒙納先生與我共同進餐，這位老紳士是我的故交，也是一位首屈一指的美食家。我了解他的飲食喜好，爲了一盡地主之誼，我大方地拿出了松露，將火雞的肚子塞得滿滿的。

西蒙納神采奕奕地開始用餐，因爲我知道他的食欲旺盛，所以沒有刻意去阻止他，只是跟他說慢點吃，不會有人來和他搶。期間並沒有什麼特殊情況。但是他剛回到家肚子就疼痛無比，還出現了噁心、嘔吐、嗆噎、渾身乏力的症狀。這種令人緊張的事情持續了一段時間，並且診斷結果表明了是松露引起的消化不良。這時上帝來拯救他了，西蒙納張開嘴吐出了一大塊松露，松露碰到牆壁後又反彈回來，這讓那些在他身邊的醫護人員苦不堪言。

令人痛苦的症狀立即消失了，病人自己也覺得舒適安穩了，他的消化功能又一如往常。他休息了一晚，第二天早上就恢復了神采，並且已全然記不得之前所遭受的痛苦了。我的猜測是，有一塊松露咀嚼得不完全就被吞進肚子裡去了。胃是朝著幽門的方向消化運動的，這一大塊松露在幽門那裡無法前行，於是他就出現了不舒服的症狀。

他將松露吐出來後，之前的症狀也就不復存在了。

西蒙納並沒有改變他鍾愛松露的喜好，他依舊以他那毫不畏懼的態度與松露作戰，但是他現在體會到了細嚼慢嚥是極其重要的。他向上帝表達了最眞摯的謝意，因爲這次教訓，他可以健康長壽了。

糖類

近來科學的進步可以給糖類一個準確的定位，即它是一種帶有甜味的結晶體，發酵後可揮發出碳酸與酒精。在此之前，糖這個詞是甘蔗汁固化、結晶化的代名詞。

甘蔗的原產地在西印度群島，可以確定的是羅馬人對糖如何結晶毫無所知。雖然從古羅馬詩人盧坎（Marcus Annaeus Lucanus）的詩歌等著作裡，已經透露出羅馬人知道如何從種子提煉出甜味。但是，在榨取甘蔗汁使水變甜後，又得經歷一段漫長的發展，我們才在今天製作出了糖。羅馬人所知的僅僅是簡單的工藝而已。

發現新大陸後，糖才眞正問世。甘蔗在兩個世紀前被傳入歐洲後，應用範圍就不斷擴大。人們希望可以利用糖的全部價值，透過多番實驗，最終循序漸進地把糖漿、粗糖、蜜糖與精糖提煉出來。

糖的用途

糖最早被當作藥物，之後才慢慢進入人類的日常生活中。那時糖在藥房裡扮演重要的角色，當時的俗語也驗證了此一觀點：「有的人彷彿就像沒賣糖的藥劑師。」

糖起初就是以藥物的身分存在，這也解釋了為什麼人們對它有所忌憚。有人說糖是高熱量食品，有人說它不利於肺的呼吸，更有人說它是中風的罪惡之源。不過詆毀永遠敵不過真理。早在八十多年前，就有人曾說出了公道話：「除了需要花錢購買的這個缺點之外，糖無可挑剔。」有了這般的肯定，糖也被廣泛地用於各處。我們再也找不到如糖一般經歷過如此多變與融合過程的營養物質了。

許多人鍾愛純糖，覺得不用它治病就是在暴殄天物。醫生在開處方籤時也會加上糖，至少把它視為一種有益無害的藥物。糖水還可以當作一種飲料，益氣寧神，改善健康，味道香甜。有時它可以被當成藥來治病。

糖跟少量的水一起加熱，就產生了糖漿；往糖漿裡倒些麵粉，就能製成食品，有強健體格、滿足味覺的作用。將糖與水融合，提取其中的熱量，能製成霜淇淋。這種做法起源於義大利，後經由梅迪奇家族的凱薩琳（Catherine de Medici）帶進了法國。

在葡萄酒裡加糖，有令人激動，恢復身體機能的作用。在很多國家，新人在洞房之夜會收到淋上了糖酒的蛋糕，這個風俗與波斯人在洞房之夜送給新人醋泡羊蹄有異曲同工之妙。

而餅乾、蛋白杏仁霜、脆餅、麵包、蛋糕與其他小點心都是將糖、麵粉和雞蛋混合而成的，製作這些點心時，現代技術不可或缺。

將糖與奶混合，就能得到種類豐富的奶油食品與牛奶凍。這類食品的主要魅力就是口感香醇，所以除了肉類，它們往往最受大眾青睞。

糖與咖啡混合，會使咖啡更加濃郁香醇。在咖啡裡加糖與加牛奶，是最容易增添營養、也使味道更清淡爽口的方法。顯而易見，它是那些早餐後就要立即開始工作的人的首選。咖啡牛奶也能取悅女士們。不過科學研究發現，過量食用並不利於身體健康。

糖與水果和麵粉混合而得的是果醬、檸檬醬、蜜餞、果凍、麵團、糖果等食品。這些食品可以讓我們陶醉在它那豐富的果香與花香中，延續了這些難以保存事物的生命。糖還可以應用在屍體防腐處理方面，不過目前這項研究仍處於起步階段。

最後，烈酒就是糖與酒精混合而得的。眾所周知那是路易十四年事已高時，爲了給國王增添激情，這種酒才應運而生。酒味醇香，甚至連泡沫都飽含清香，直到現在依舊是名副其實的酒中佳釀。

糖的作用無法一一列舉，它可以稱得上是全能的調味料，用在各方面都恰到好處。無論烹調何種菜色，大家都會使用它。毫無疑問地，新鮮水果也不能少了它。它對時尙的混合飲品來說也至關重要，像賓治酒、尼格斯酒（negus）、乳酒凍（sillabub）和其他異國風味的酒都受它的影響。總而言之，它的實際運用變化多端，它的改變因個人口味而異。糖這種物質在路易十三時代鮮爲人知，可是到了十九世紀，它甚至成了至關重要的生活必需品。女人不缺錢的時候，花在糖上頭的錢遠遠超過花在麵包上的錢。

德拉克魯瓦是一位才華洋溢且家財萬貫的作家。一天，他在凡爾賽宮埋怨糖價太高，一磅超過五法郎。他用輕柔的語氣說：「假如糖價能夠低於三十蘇，在有生之年我就只會喝加了糖的水。」他的願望終於實現了，而他也很健康，我堅信他會信守承諾的。

咖啡

咖啡的起源

第一棵咖啡樹生長在阿拉伯半島。儘管那裡有很多咖啡樹被移植了，但絲毫不影響阿拉伯半島出產優質咖啡。

根據一個古老的傳聞，咖啡的發現者是個牧羊人。他發現羊群每次經過咖啡樹叢，吃樹叢上的咖啡豆時，就會顯得異常激動與開心。我們暫且不去追究傳聞的眞實性。牧羊人其實只能算是發現咖啡的功臣之一，另一個功臣則是把咖啡豆煮熟的人。因爲生咖啡豆只能製成拙劣的飲料，但烘焙咖啡豆、使它展現出獨特風味者，爲我們如今能喝到絲滑順口的咖啡做出了貢獻。假如沒有加工，所有品質都將是天方夜譚。

土耳其人是這方面的先驅，他們不以研磨的方式來碾碎咖啡豆，而是將它們放進木臼搗碎，這些工具的價值會隨著使用年歲而增加。

因爲某些原因，我決定親自探查這兩種方式製成的咖啡的區別，以及找出最好的方法。於是，我認眞地製作了一磅純摩卡咖啡豆，並將之平均分開，一半用磨碎，一半搗碎。

我將這兩種粉末沖成咖啡，每一種的數量、水量和沖煮過程都一模一樣。我自己先品嘗了這兩種咖啡，並邀請專家鑑定，答案出乎意料的一致：所有人都覺得搗碎的咖啡純度更高。與此同時，我也用一個特別的例子來證明加工方法不同會導致結果的不同。

有一次，拿破崙詢問拉普拉斯議員一件事。他問：「我觀察到，在一杯水裡添加搗碎的冰糖所產生的甜度遠高於數量相等的白糖，這是爲什麼呢？」

拉普拉斯回答說：「先生，糖、糖膠、澱粉糖漿這三種的成分是相同的，但是因爲它們各自有不同的形態，所以產生差異，其中的謎底至今仍未揭曉。我想也許是在搗碎的過程中，有一部分糖轉化成了糖膠與澱粉糖，因此才出現以上的狀況。」這段趣聞被廣泛流傳，而議員的解釋也得到了大眾的肯定。

❦ 多種製作咖啡的方法

前幾年，大約全部的人都在研究如何製作出口感極佳的咖啡。此一社會風氣與政府高官的個人喜好脫不了關係。

人們研究的方法有：不烘焙咖啡豆，或者不研磨成粉狀，又或者用冷水浸泡，加熱讓它沸騰四十五分鐘，煮咖啡的壺必須要有濾網等等。

我那時試過的方法也不在少數，基本上能想到的方法我都有嘗試。就我個人而言，最好的莫過於杜貝洛瓦（Dubelloy）的方法：將咖啡放入一個充滿細孔的瓷器或銀器中，往裡面注入開水，蒐集從小孔中流出的咖啡後，用熱水煮，再濾掉雜質。一直重複此流程，直到咖啡裡沒有任何雜質。這麼煮出來的咖啡口感香醇。

在某次實驗中，我用高壓壺煮，最後居然得到又苦又稠的液體，也許只有哥薩克人清嗓子的時候才會喝吧。

♢ 咖啡的功效

很多學者在咖啡的保健功效方面已提出許多觀點，不過他們極少有異口同聲的時候。所以，在此我提出眾多觀點中的精華：即咖啡會使人興奮，減少睡意。不過，對於經常喝咖啡的人來說，影響不大。但有些人會一直受咖啡作用影響，迫於無奈不喝咖啡。

我之前就提過，咖啡的提神作用對那些嗜飲者來說沒什麼效果，但這並不影響其興奮感。因爲據我觀察，有些人不會因爲喝咖啡而徹夜難眠，但是在白天卻需要靠它保持清醒；或者吃完晚飯後不來一杯咖啡，睡眠時間就會提前；更甚者會因爲早上沒有喝咖啡而導致一整天都精神恍惚。伏爾泰和布豐都是極愛喝咖啡的，並且從咖啡中獲益良多。一位在寫作時因此獲得明確的思路，另一位在風格上達到了高度的協調。

不必擔憂喝咖啡會導致失眠，它只不過是將你的倦意一掃而空，僅僅如此而已。它跟其他失眠引起的鬱悶與難受不能相提並論。但是，無論如何，它不是一種恰到好處的興奮，時間久了也會對身體造成危害。

從前只有成年人才喝咖啡，現在每個人都喝，或許是因爲它能使人在運動與思考方面保持專注。幾年前，悲劇《季諾碧亞女王》在巴黎可謂是人盡皆知，那位作者就是咖啡的忠實粉絲，所以他作品的名氣就比酒鬼作家寫的《從不參與的人》來得大。

咖啡的影響遠比我們想像的深。一個身材健碩的人儘管一天喝兩瓶葡萄酒，也不會減壽；但同樣體質的人卻絕不能喝同等數量的咖啡，因爲這樣做可能會因衰竭而喪命。

我在倫敦的萊斯特廣場遇過由於濫用咖啡而患病的人。如今，他每天的咖啡飲用量不超過五、六杯，病情才有所緩解。父母親有義務阻止孩子喝咖啡，不然他們的孩子會提早老化，二十歲不到就會出現老態。巴黎人尤其要提高警覺，因爲在巴黎出生的孩子身體較其他省分的人更爲虛弱。

我屬於主動放棄咖啡的人，我想用自己被咖啡折磨的親身經歷爲這章節畫上句點。那天，時任司法部長的馬薩公爵要求我迅速處理一件工作，他事先沒有預告，只是突然告知我第二天早上就要完成。於是我只好加班了。爲了克服睡意，晚飯後我飲用了兩大杯濃咖啡。

我七點到家，等待他們爲我送來重要檔案，可是等到的卻是一封通知函，由於一些官方原因，檔案要第二天早上才能拿到。我失望至極，重新回到我吃飯的那家餐館，玩了一局撲克牌，卻沒有平時玩牌的那種樂趣。我把造成這種狀態的原因歸結於咖啡，不僅如此，我開始憂心忡忡，不知如何消磨整晚的時光。但我還是依照平時的作息就寢，心想儘管沒有睡意，但至少休息四、五個小時是沒問題的，而靠這些睡眠量來完成第二天早上的工作應該不在話下。

可是我錯了，在床上躺了兩個小時後，我的神智卻越來越清醒，思緒也在不停運作，我的大腦彷彿安裝了轉盤，靜不下來。我意識到必須做一些事來緩解思緒的活躍，不然永遠都不會產生睡意。於是我準備以全數押韻的方式來改寫文章——原文取自於一本英文書。沒一會兒工夫就寫好了，但我依舊處於興奮狀態，於是我又開始改第二篇。不過這次失敗了，改了十幾行之後，我的詩興全無，不得不停下來。

折騰了一夜，我完全沒睡，連眼睛都沒闔上。隔日一整天我都精神恍惚，工作與吃飯也沒有調整過來。於是，再隔一天，我不得不在正常的作息時間內補眠。後來算了一下，我已經有四十個小時沒睡覺了。

巧克力

❧ 巧克力起源

因爲黃金夢，美洲這片土地上第一次有人類紮根。在那個時代，唯一被發現的財富就是礦產，商業貿易和農業均處於蕭條狀態，相關的政治經濟規章制度還沒有建立。當時，西班牙人成爲發現貴金屬的第一人，但是由於其儲存量與價值還不明顯，所以這一發現顯得無關緊要。而我們也發現了更多有效的方法來增加財富。

也是在這片土地上，陽光造就了豐富的物產。最適宜在此生長的非甘蔗與咖啡莫屬，當然，馬鈴薯、槐藍屬植物、香草、奎寧（Quinine）、可可等植物也在此生長，它們都是珍貴的財富資源。

我們所謂的可可就是由可可豆、糖和肉桂混合烹飪的產物。這也是最原始的巧克力飲品。糖在這個過程中有著舉足輕重的地位，原因很簡單，我們從可可豆中獲得的是可可粉與可可，並不是巧克力；但是如果把一些香草調味料加入糖、肉桂與可可中，一杯絕世飲品就問世了。儘管製作用的原料較少，其味道卻不同凡響。很多人試驗後就不再往原始配方中添加輔助調味料，比如胡椒、茴香、薑等。

南美大陸與其附近島嶼上有著滿山遍野的原生可可樹，但是，人們普遍認爲可可果實品質最好的莫過於馬拉開波湖（Maracaibo）畔的卡拉卡斯谷地（Caracas）和索科馬思克省（Soconusco）等富饒之地。在這個地方，可可豆較爲豐滿，味道更加香濃甜美。這些地方交通便利，所以極有可能成爲選料的首選之地，專家們的口味準確無誤，他們的評價全是溢美之詞。

新時代的西班牙婦女鍾愛巧克力飲料已經到了無法自拔的地步。她們不僅在閒暇時喝巧克力，去教堂時還要別人送給她們巧克力。教堂明白巧克力是可以激發人的性欲的，所以一開始嚴禁將巧克力帶入教堂。不過時間是最好的寬恕者，艾斯科巴主教不僅品德高尚，而且爲了方便大家，他鄭重宣布巧克力不在齋戒的教條之內，並借用了一句俗語：「液態不犯戒」。

十七世紀初期，巧克力飲料開始傳入西班牙，隨後盛行全國。這主要歸功於西班牙婦女與修士對它的偏愛，特別是修士將其當作一種新飲料。如今，巧克力依舊是西班牙上流社會的休閒飲品首選。

西班牙腓力三世的女兒安妮與法國國王路易十三結婚後，巧克力飲料也隨之傳入法國。巧克力也是西班牙修士們送給法國朋友的禮物之一，這讓巧克力聲名大振。西班牙歷屆大使都讓巧克力更為有名，在攝政王執政初期，喝巧克力者比喝咖啡的人更多，因為在那個時期，巧克力是廣受喜愛的飲料，而咖啡仍是稀罕名貴的飲品。

眾人皆知林奈（Carl von Linné）稱呼可可為「眾神的飲料」。以下的理由也許就是他如此評價可可的原因：有人說他想利用可可得到神父的諒解，還有人覺得他是想討好皇后，而飲用可可的習慣恰好是由皇后帶入法國的（此說法有待核實）。

製作巧克力的正確方法

南美人製作的可可裡沒有糖分的存在，當他們想喝巧克力的時候，就會把可可條放到開水裡煮，或是每人掰一塊可可條放進自己的杯中，可可的份量因個人喜好而異，接著倒入熱水，並加糖及自己偏愛的香料。

這種方法與我們的習慣及口味都有很大的出入，我們更偏愛直接做好的巧克力。化學理論告訴我們，可可不僅不能用刀切碎，更不能用杵搗碎，因爲這兩種情形的擊打都會使得糖過度到澱粉漿，進而使巧克力變得食之無味。

想製作立即能喝的巧克力，只需要在水中放入一盎司半的可可，將水燒開，讓它慢慢融化，與此同時用木匙攪勻，再煮一刻鐘，使溶液均勻，熱騰騰的巧克力就做好了。

五十多年前，貝萊的聖母往見會修女院院長阿雷斯特爾修女跟我說：「先生，如果您想品嘗到品質優良的巧克力，就應該在前一天的晚上以瓷器熬煮，並放一個晚上。經過一夜後，味道會更加香濃，口感也更細膩。上帝不會因這個微不足道的奢侈責備我們，祂本就是無比神聖的。」

VII

煎炸理論

Theory Of Frying

這是一個陽光明媚的五月，使這座享樂之城那些灰濛濛的屋頂都籠罩於光線之下。街上潔淨明亮，偌大的郵車開始了忙碌的一天，卻聽不見馬車與鵝卵石碰撞的嗒嗒聲。往來的車輛幾乎都是那些敞篷轎車，車上坐著穿戴高貴的本地或外國美女，她們總是對窮人嗤之以鼻，而對那些雍容華貴的富人暗送秋波。

到了下午三點鐘，也是教授躺在椅子上小憩的時候。他的右腿與地面保持九十度，左腿伸直斜放在地上。他的腰和後背都安穩地靠在椅背上，手則放在獅子造型的扶手上。他那有著深邃紋路的眉頭說明了他酷愛研究，他的嘴則說明他喜歡正式的休閒活動。他談吐不凡，神采讓每個見過他的人都說：「眞是個明智的人。」

教授一直這樣坐著，並將他的大廚聚集起來。不一會兒，大廚們到齊了，準備接受建議、批評與指示。

教授的訓示

教授態度強硬，不苟言笑地說：「普朗克師傅，所有客人對你做的湯都讚不絕口，這讓人欣慰。因爲你的湯安慰了饑餓者的胃。但是很抱歉，我要告訴你，你的煎炸技巧仍然有待提升。」

「昨天晚上你煮的多寶魚顏色慘白，肉質鬆弛，成色布均，我聽到你因自慚形穢而嘆氣。我的朋友雷瓦內茲向你投去了鄙夷的眼神，亨利．盧比先生把他的鼻子偏向一旁，還有西比埃先生因爲這次災難而深感傷心。這次不幸事件的問題在你，因爲你漠視理論，不知道它的重要性。你太過死板，我發現說服你是一件很難的事，你廚房裡出現的狀況只是更加證明了這件事。你對許多事都太過輕慢，一直在仿效別人，可是所有的東西背後都有其深刻的道理。」

「所以，你要記住，只要你願意學習，日後定然能爲自己的手藝感到自豪。」

化學理論

「每種液體被火加熱後得到的熱量都不同，大自然賦予了不同液體以不同的熱容納性，而大自然最清楚這個規律的本質。熱容納性就是熱容量。所以，當你把手放進滾燙的葡萄酒中時，你的手並不會覺得太燙；但假如取而代之的是油，就算是放進去一下，手指也會嚴重燙傷。原因很簡單，油的熱容量比水高三倍。」

「因爲每種液體的熱容量都是有差異的，所以它們對浸在其中的食材的影響也就有了差別。這些食物在水的影響下會軟化、分解，直至變成糊狀，粥和湯就是如此來的。這些食材在油的影響下會收縮，顏色也會黯淡，最後就會被徹底炭化。」

「在第一種狀況下，浸在水中的食物水分都被融化和吸收；第二種狀況下，食物內部的水分並沒有被破壞，因爲它們不融於油。而食物之所以被炸焦，是因爲它濕潤的部分被加熱的時間過長，以至於水分全都揮發了。」

「人們根據過程的不同賦予其不同的名稱：將食物放入油脂中是炸。我之前提到過，烹飪用途的油和脂可以相提並論，油是脂的液態表現形式，脂是油的固態表現形式。」

實際應用

「油炸的食物是餐桌上的寵兒，它們令人食欲大增的同時，還令人心曠神怡。它們維持著食物的原始口感，還可以用手拿著吃，這種方式受到了女士們的歡迎。油炸還可以作爲掩飾的方法，前一天晚上吃過的食物，第二天將它油炸一下，依舊可以端上餐桌。廚師們用它來應對突發狀況總是屢試不爽。原因很簡單：炸一條四磅的鮮魚與煮雞蛋所耗的時間不相上下。」

「要說的話，油炸這種烹飪方法最大的優點就是『快』，我們之所以會用這個字來形容，是因爲油炸的時間短。一旦食物放進了滾燙的油鍋中，表層物質立刻就會被烤焦或者炭化。利用這種速炸的方法，食物表面就會多出一層保護，油就很難滲入，水分也不會從食物中流失，所以食物被炸熟的過程是由外到內。這種做法使菜的品質提高。只有經過長時間的大火加熱，使油溫達到標準的快炸才是可行的方法。」

「以下就是判斷油溫是否達到有效溫度的方法：切一小塊麵包放入油中，假如五、六秒的時間就讓它變黃了，那麼就可以放入其他食物。如果並非如此，就需要將油重新加熱，繼續以上的實驗。當快炸發揮作用，就應把火調小，以防炸過頭。如此一來，食物中的水分就會吸收油炸的熱量，進而收縮，味道也會有所提升。」

「你一定知道鹽與糖無法融於炸好的食物表層，但是食物又講究有鹹味或鮮甜。因此，鹽或糖須具備黏性，要將它們碾碎後撒到油炸食物上，只有如此才有調味的功效。」

「關於油和脂的選用問題，我就不重複了，因爲你肯定能從實踐中找到答案。」

「切記，當他們將剛剛捕獲的、每條重量均在四分之一磅以下的鮃魚交給廚房時，一定要用上等的橄欖油來炸。這道菜雖然不難，但是撒上鹽、胡椒，配上檸檬後，就可以毫不猶豫地呈給每一位來賓享用。」

「讓我多說一句，這個方法必須依據事物的本質。根據經驗，橄欖油只適合烹製時間較短的食物，因爲油炸過久會有焦臭等異味產生。這是因爲油中的某些組織顆粒不易溶解，所以在炭化後就會出現焦臭的情形。」

「我的訓斥肯定讓你覺得厭煩！但是你炸的那條多寶魚卻讓我的貴賓『拍案叫絕』，你是使他們愉悅的最大功臣。」

「你可以離開了，不要疏忽自己的工作。你要記住，只要客人來到了我家餐廳，他們的快樂就是我們的責任。」

VIII

論口渴
On Thirst

口渴的種種

當你的身體缺水時，就會有口渴的反應。

各種延續生命的液體都在我們體內反覆運行著，當溫度高達攝氏四十度以上，液體就會揮發。這些液體負責持續排除廢物，故而很快就無法達到身體的需求，所以它們需要連續的補給與維護，而口渴就是因爲這個需要造成的。

我確信整個消化系統是口渴的根源。當一個人有口渴的感覺，他會迫切地希望他的口腔、喉嚨與胃能夠被滋潤。即便水是淋在其他部位（指消化系統外），比如淋浴，口渴的感覺也將不再如此強烈，這是因爲看到水時，體內就會發出水分即將得到補充的訊號，使症狀得到緩解。

細心研究這種需求後可以發現，口渴分爲三種類型：潛在渴感、人爲渴感及焦灼渴感。

潛在渴感是指體表蒸發與水的補充還維持在平衡狀態，別名習慣渴感。儘管我們在吃飯時並不口渴，但也能喝下很多水，就是這種潛在渴感造成的。它也讓我們無時無刻都能喝水。作爲我們存在的一種本能，這種渴感與我們同在。

人爲渴感是人類的專屬渴感，它是人體內在需求的反應，從液體中獲取自身缺乏的、經發酵後便可產生的能量。與自然需求相比，它像是一種人爲奢侈。這種渴感是無窮無盡的，那些出於緩解渴感的目的而被賣出的酒，無可厚非地激發了新的渴感。最後，它們就會過度到習慣渴感，世界各地的酒鬼的渴感就是如此。他們沒喝到酩酊大醉，就不會善罷甘休。與此相反，純水是渴感的終極殺手，假如我們用水來緩解渴感，那麼，就絕不會喝超出我們需要範圍的水。

假如潛在渴感沒有得到緩解，進而出現的強烈渴感就是焦灼渴感。之所以叫作焦灼渴感，是因爲會出現舌頭灼痛、上顎乾燥與全身發熱的症狀。

這種渴感極其強烈，所以「渴」字被用來形容非常貪婪急切的欲望，比如「渴望」黃金、財富、權力、復仇等等。要不是人們身歷其境地體會過這些感覺，也不會如此異口同聲地用「渴」字來形容。

饑餓感被滿足後會令人感到舒坦，但渴感的滿足就不會有類似的感受。當渴感緩解後，人們只是覺察不到它的存在，並沒有其他感覺。但如果長時間沒有解渴，那麼焦灼就會使人們苦不堪言。

但在某些情況下，喝水也能讓人覺得愜意，當渴到快死時喝到了水，或者在普通口渴時喝到了美味的飲料，整個消化器官，從舌尖到胃都能感受到幸福的悸動。

跟饑餓相比，口渴更易導致死亡。研究發現，在有水無食物的情況下，人可以活一周多；但如果沒有水，人活不過五天。饑餓的人由於體力耗費過大而虛弱致死，但口渴的人卻是由於發熱程度由弱變強而導致的，於是就形成了以上的差別。

面對乾渴，有的人並不能眞的堅持這麼久的時間。一七八七年，我見證了路易十六瑞士衛隊的一名士兵在缺水二十四小時後丟了性命。

那時，他同戰友一起在小酒館裡喝葡萄酒。當他意猶未盡地還想再喝時，一名戰友責怪他喝的比別人多。於是，他就打賭說他可以二十四小時滴水不進。戰友同意打賭，賭注是十瓶葡萄酒。從那時起，這名士兵就不喝任何東西，在戰友們離開酒館前的兩個小時內，他一直在那看著他們喝酒。

這一夜與我們所想的一樣，並不難熬。可是第二天早上，他爲他不能像以往那樣喝一小杯白蘭地而傷心。整個早上，他都忐忑不安，踱來踱去，他不知道要怎麼辦。

到了下午一點鐘，他躺在床上，希望能休息，但是卻更痛苦了。他顯然病了，卻無視人們的規勸，就是不願喝東西。他揚言必須忍耐到天黑，因爲他決定要贏得這次打賭，另一方面他不能丟了軍人的尊嚴，所以就算痛苦他也不認輸。

他一路忍耐到了晚上七點鐘，可是七點半時，他疼痛無比，暈了過去。最後他死了，連一杯端到嘴邊的葡萄酒都沒來得及喝。

全部的細節都是史耐德先生在那天晚上跟我說的。史耐德非常値得信任，他當時是瑞士衛隊的號手，那時我也住在凡爾賽宮，離他們的營房很近。

軼事

眾所周知，山區是鷓鴣偏愛的棲息地。在那裡，因爲收割時期較晚，所以孵卵成功的機率更大。黑麥收割完後，牠們轉而去吃燕麥與大麥，當這兩種植物也進入收割季節後，牠們就開始尋覓最晚收割的莊稼，此時是捕獲牠們的良機。因爲一個月前，這些鷓鴣分散各地，但如今都聚集在幾畝大的田地裡覓食。而這個季節的鷓鴣已經極爲肥碩了。

我與幾個朋友都被那偌大的鷓鴣所吸引，便選了一天朝楠蒂阿地區的山坡出發。我們發現了獵物，準備開槍，卻發現九月清晨的和煦陽光對我們這些久居城市的人來說過於毒辣。當我們吃午飯時，北邊吹來一陣強烈的風，不過這並沒有對我們的行動造成影響。我們打獵還不到一刻鐘，同行裡最怯懦的成員就開始埋怨口渴，但因我們沒有如此強烈的渴感，於是他淪爲大家的笑柄。

由於驢子馱的補給品唾手可得，大家乾脆都喝了水，不過才一會兒又覺得口渴。那渴感非常強烈，有些人甚至覺得自己要病倒了，更甚者想回家了事。言外之意就是我們走的那十里路都白費了，並且毫無所得，兩手空空。

我花了一點時間整理思緒，終於想通引起我們口渴的原因。我把朋友們都叫過來，跟他們分析四種導致口渴的異常情況：因爲海拔過高，氣壓下降過快，導致血液循環加速，且陽光照射與走路都使呼吸變快；最主要還是風力的緣故，它讓我們的肺部空空如也，唾液減少，皮膚也失去光澤。我又接著說，這樣有些不安全，不過既然我們知道誰是罪魁禍首，就應該有所行動。

所以，我們決定喝水的頻率爲半個小時。但是這個舉動並沒有徹底避免問題，渴感依舊無法抑制。葡萄酒、白開水、葡萄酒加水，白蘭地加水，都起不了作用。我們居然一邊喝水一邊覺得口渴，這一天過得甚是艱辛。

幸虧天色漸暗時，我們來到了拉托家的農場。主人拿出了自家的食品供我們品嘗，並盛情款待了我們。我們吃得心滿意足，馬上找到他們家的乾草堆，安穩踏實地睡了一晚。

第二天的經驗說明了我的推論的正確性。夜裡沒有刮風，因此儘管第二天的陽光更強，但我們打了幾個小時的獵卻仍不口渴。不過，我們還是出現了失誤：儘管出發之前把水壺裝滿了，可是我們喝的次數太多，所以還是缺水。最後，每個水壺都是滴水不剩。

後來，我們非常謹慎地選了一家餐館，雖然並沒有什麼豐盛的菜色，但當烤好的獵物出現在我們眼前時，我們仍覺得它絲毫不遜於皇家宴會。可我們只有和蘇雷斯尼

(Suresnes)差不多水準的酒，著實配不上這道菠菜鶴鶉肉。大家總不免抱怨一番，我也義正言辭地將讓我們口渴的風從頭到尾數落了一頓。

IX

論飲料
On Drinks

「飲料」是一種可以在進食時飲用的液體，最純粹的飲料就是水。有動物的地方就有水。成年人喝水與嬰兒喝奶一樣司空見慣。水的重要性跟空氣相比，實在難分高下。

水

水是能緩解口渴的獨一無二的飲料，也是因爲這樣，人們飲用時都自然有節制，沒有渴感時就不會飲用。但我們卻總是隨心所欲地喝其他飲料。假如一個人對水之外的其他飲料一滴都不沾，那他就不會被說是「喜歡喝點什麼的人」。

飲料的效果

動物的身體組織能很快地吸收飲料，迅速作用。假如讓身體虛弱的人吃上豐盛的一餐，不僅難以消化，病情也不會有所緩解；但是假如讓他喝一杯葡萄酒或白蘭地，他立刻就會覺得舒暢許多，不會再如此萎靡了。

我聽我侄子說了一個有趣的故事，完全驗證了我的理論。我的侄子生來就不擅長講故事，所以也就無須懷疑故事的眞實性了。

當時，他率領一支隊伍從雅法城包圍戰中撤退，經過一個取水點時，發現方圓百步之內橫陳著許多士兵的屍體，他們是前一天撤退的士兵，顯而易見是因爲中暑而死。我侄子的下屬從這些屍體中認出一張熟悉的面容，他是一名馬槍騎兵。據觀察，他死的時間長達二十四小時，因爲白日的曝晒，他的臉黑得堪比烏鴉。這些人都來到屍體旁邊，也許是想看戰友最後一眼，也許是想看戰友留下了什麼東西；但是他們卻驚奇地發現他的四肢還很柔軟，胸口也是有溫度的。隊伍中一個愛說笑的人說：「讓他喝一滴酒，我保證只要他還沒越過冥河，馬上就能醒過來。」

沒想到，這個玩笑眞的起了作用，死人睜開了眼睛，人們都驚訝地喊出聲來。爲他按摩完太陽穴後，又給他喝了第二口。後來，在旁人的協助下，他能夠騎到馬背上了。就這樣，人們把他領到井邊，徹夜照顧他，還讓他吃了一些棗子，喝了一些酒。第二天，他依舊騎在馬背上，與大家一同回到了開羅。

各種本能反應對人類的影響很大，有些本能往往會引領我們去喝酒。

所有酒類裡，最受人們青睞的非葡萄酒莫屬。無論是將它的起源歸結於種植葡萄的諾亞還是榨汁的酒神巴克斯，反正當人類處於幼年時，它就已經存在了。我們將埃及冥王歐西里斯看作是酒的創始者，那時是人類歷史萌芽的階段。包括我們提及的野蠻人在內，都受到酒的引誘。儘管野蠻人知識水準並不高，但是他們最後還是採取某些方法得到了酒。他們將家畜的奶酸化，又或者將能發酵的果實與根拿來榨汁。

無論何時何地，酒在整個人類的社交過程中都占有舉足輕重的地位。無論婚禮、喪事、祭奠，各種愉悅還是悲傷的場合，所有宴會上都有酒的身影。先人們飲用與稱讚葡萄酒，又花了許多精力從葡萄酒中提取精華。我們的祖先掌握了蒸餾技術後，循序漸進地發現了酒精、葡萄酒與白蘭地。

酒精是酒的靈魂，味覺器官能因它而感到滿足。酒給予人們快樂，它能與藥物相配合，達到擴大療效的目的；它甚至是我們手中鋒利的武器，在征服新大陸的各個民族時，白蘭地起的作用不亞於武器。

發現酒精時採用的方法後來也被廣泛運用在其他領域。這個分離提取的過程，可以作爲範例，指導人們進行類似的研究。它把一些新物質帶入了我們的知識領域，像已經被發現的番木鱉鹼、奎寧、嗎啡還有那些即將被發現者。

事實上，人們對酒知之甚少。無論氣候如何，世界各地的人們都對酒精有著強烈的欲望，這個問題值得哲學家深思。我與其他哲學家一樣深入地思考了這個問題，在我看來，只有人類才會對酒如此渴望，其他動物並不會。以此類推，只有人類才會對未來有所懷疑，其他動物也不會。

X

論美食主義
On Gourmandism

為了了解「美食主義」這個詞，我翻閱了很多的資料，但辭典裡的解釋都不能盡如人意。它們大多將美食主義與暴飲暴食及貪吃混為一談。所以在我看來，這些辭典的撰寫者儘管在其他領域有著令人稱道的造詣，但在美食領域，卻無法與那些優雅地捏著山鶉翅咀嚼、翹起小拇指輕呷一口拉菲紅酒（Lafite）或者梧玖園紅酒（Vougeot）的紳士們匹敵。

他們竟然將那些明智而得體的安排、豐富而有層次的調味、高超而極具深度的品鑑都拋諸腦後了。要知道，社會美食主義是一門將雅典的優雅、羅馬的華貴、法國的精緻融為一體的大學問，它堪稱人類寶貴的「美德」之一，為我們提供了最為純粹的快樂。

美食主義的定義

現在讓我們為美食主義下定義，並就其內涵做一些解釋。

美食主義是一種習慣性的偏愛。它是我們面對那些讓味蕾跳動的食物時，產生富含熱情、卻又極具理性的一種偏愛。

一切暴飲暴食的行徑都是美食主義的宿敵，爛醉如泥與消化不良則違背了美食主義的原則，將它們從美食家清單中剔除是很有必要的。

甜食主義是美食主義的一部分，指的是小蛋糕、蜜餞、糖果等，這一類食物被改進得越加適合女士們及偏女士風格的男士們的喜好。

無論從何種角度來稱讚和鼓勵美食主義都不爲過。從身體層面來說，它能證明你的營養器官是健康的、完好無損的。從精神層面來說，它視造物主爲最虔誠的信仰。造物主讓我們依靠進食來生存，賜我們食欲作爲誘因，給我們味覺作爲動力，予我們滿足的快樂作爲報償。

美食主義的優越性

以和政治經濟之間的關聯來說，美食主義者對消費品的追求，促進了交換的產生，成爲各國交流溝通的紐帶。它促使各種物品在世界範圍內流動開來，像白蘭地、香料、糖、酸菜、各種調味料和食品，以及雞蛋、瓜類等都被囊括其中。

它爲食物定價提供了標準，無論是品質一般的還是上乘的，無論品質是由人爲定義的還是與生俱來的，都會得到與之匹配的價格。它是那些必須向要求最爲嚴格的市場供應產品的漁民、獵人、農夫和其他行業從業者的精神支柱。除此之外，它保證了廚師、糖果製造者、麵包師父和全部爲食物努力奔波的從業人員的基本生活。而這些人出於生活的需要，也會用錢購買其他產品，進而促進了資金的流通與經濟的運作，即便是最爲專業的人員也無法計算出這部分的產值與規模有多麼龐大。

美食服務類行業比其他行業更勝一籌在於：一方面人們對美食的需要不是暫時性的，每餐都不可少；另一方面，那些家境殷實的美食家都是該行業的忠實支持者。

即便在現今的社會，一個種族僅靠麵包和蔬菜存續下去也是很難想像的事。如果眞的有這樣一個種族，那麼它被外來軍隊所打敗也是合情合理的事，就像發生在印度的狀況；或是被鄰國的烹飪方式所影響，就像古希臘維奧蒂亞（Boeotia）人經歷留克特拉戰役（Battle of Leuctra）後一樣。

另一方面，國家財政也因美食主義受益頗多：源源不斷的進出口關稅、品項繁多的間接稅收等。因爲美食家所需的食品都應繳稅，所以他們成了國家財富的重要來源。

讓我們談談過去幾個世紀裡，那些爲了宣揚美食主義而選擇離鄉背井的人們吧！他們之中的大多數憑藉著法國人本能的熱情獲得了成功，衣錦還鄉。他們創造的經濟成就超乎所有人的想像。不得不說，如果這世上眞有一個國家要感謝美食主義的功績，並爲其樹碑立傳的話，那非法國莫屬了。

美食主義的力量

一八一五年，根據《巴黎條約》，法國需在三年內賠償盟國共七億五千萬法郎。再加上補充條款中規定，各盟國的居民可以以個人名義向法國索賠，而經盟國國王評定後，賠償金額也超過了三億法郎。除此之外，那些滿載著被徵用物資的軍車，一輛輛地開往前線輸送給駐紮的盟軍，這部分的費用也需由法國政府承擔，總額超過了十五億法郎。

人們會爲如此巨額的賠款擔憂也是合乎情理的。一天又一天的賠償，一筆又一筆的金銀，國家財政因此戴上了沉重的枷鎖。當一個國家變得一無所有，喪失了借款的能力，所有的壞事也會隨之降臨。

那些利益受到威脅的人，當他們在薇薇安拱廊大街上看見自己的財富被軍用卡車拉走時，不禁感嘆道：「唉呀！唉呀！我們全部的家產就這樣流失到國外，明年我將不得不因爲一法郎而下跪了。我們完了，都要變成乞丐了！企業得不到貸款，我們所有的事業都會毀於一旦，饑餓、瘟疫和死亡即將降臨在我們的頭上。」

但事情的結果卻與人們所憂懼的恰恰相反，也出乎了經濟學家們的預料。沒有麻煩，未增加公眾信貸，沒有賠償後的緊縮，法國竟輕而易舉地償還了賠款，甚至得到了更多的國家借貸。在這次超級清償的過程中，有可靠的資料證明法國金融一直處於順差狀態，也就是說，流入法國的錢要多於流出法國的錢。

我們受到了何種力量的眷顧？是何方神聖賜予我們奇蹟？

答案是美食。

當時，英國人、德國人、日爾曼人、辛梅里安人（Cimmerians）和斯基泰人（Scythians）帶著極度膨脹的食欲和超乎尋常的胃袋，瘋狂地湧入了法國。他們很快就厭倦了法國政府被迫設立的宴會，渴望著更為細膩雅緻的享受，皇后之城變成了一座大食堂。侵略者到處大吃大喝，飯店、歌舞廳、商鋪、小酒館都是他們的流連之所；魚、肉、野味、松露、點心、水果都是他們大快朵頤的對象。他們的酒量絲毫不輸食欲，還總是點最貴的葡萄酒，像是要追尋前所未有的享受一般，倘若有人阻礙了這享樂，他們一定會瘋掉。

一般的觀察者無法理解這種不為果腹的暴飲暴食，但土生土長的法國人卻暗自竊喜，高興地說：「這些人著迷了，他們一個晚上的開銷就超過財政部早上付給他們的賠款了！」

對於那些了解人們味覺喜好的人來說，那段時間可謂是黃金時代。維利發了大財，阿沙爾賺到了第一桶金，博維利亞開了自己的第三家店，而索羅夫人開在羅亞爾宮、僅僅一平方公尺大的小餐廳，每天都要賣出一萬兩千個小餡餅！

然而，影響還在持續發酵：在和平的日子裡，外國人還是很懷念那時在法國的生活習慣，經常不遠萬里地從歐洲各地趕赴法國度假。當他們一旦到了巴黎，面對令人垂涎欲滴的美味，他們就忘記了價格，不惜一切代價去享受。我們之所以能得到貸款，並不是他們能因此得到高額的利息，而是人類的直覺告訴他們，一個熱愛美食的民族是多麼地值得信賴。

美食家小姐

美食主義可不是專屬於男性的專屬，女性嬌嫩的感官能爲她們帶來更多的享受，而這也緩解了她們被社會束縛的痛苦以及生理上的弱勢。

沒有什麼比欣賞一位漂亮的美食家小姐進食更爲愉快的了：餐巾以最爲妥貼的方式別在胸前，一隻手輕柔地放在桌子上，另一隻手將已經切成精緻小塊的食物送到口舌之中，又或是優雅地咬著山鶉翅。她們瑰姿豔逸，丹唇朱紅，一舉一動，落落大方。她們是如此地美麗不可方物，沒人能抗拒她們的魅力而不被打動。

女性都是美食家？

女性鍾愛美食的原因之一是它有利於女性健康。精美有序的飲食可以減緩衰老的速度，這是得到長期研究證實的結果。

美食可以使眼睛炯炯有神，讓皮膚白裡透紅，讓肌體彈力十足。根據生理學的知識我們可以知道，頹廢的人更易產生皺紋，而皺紋往往又是美麗的剋星。所以可以肯定的是，在其他條件不變的情況下，懂得吃的藝術的人看起來至少年輕十歲。

畫家和雕刻家在很久以前就已知曉了這一眞理，他們的作品中很少出現守財奴、修士和其他爲某種理由而齋戒的人物，因爲這些人大多面無血色，身體虛弱，皺紋橫生。

美食主義的社交作用

美食讓人們歡聚一堂，久而久之友誼也慢慢加深了，它是社交的橋樑。在餐桌上，人們平心靜氣地相處，談天說地，日常生活裡彼此的地位差異也被沖淡了許多。

如果主人竭盡全力烹飪的佳餚能夠得到客人的褒揚，那麼主人一定會滿心歡喜。倘若食客面無表情地咀嚼著美食，像塊愚蠢的木頭般無動於衷，那簡直就是對美食的褻瀆；倘若他不屑一顧地大口喝著名貴的佳釀，卻不懂如何讚賞它的香醇，那簡直就是對神靈的怠慢。

所有天才的成就都應得到公開的贊許，而對款待示以感激更是顯而易見的常理。

美食主義對婚姻幸福的影響

美食主義是一種需要與人分享的藝術，所以它對婚姻幸福有著顯著的影響。

一對美食家夫婦每天至少有一個非常愉快的場合可以見面，即使他們兩人並不住在一起（這種情況再普通不過了），但吃飯卻在一塊。他們總是有很多話要說，除了談及正在吃的飯菜，還會談及以後會吃的飯菜，也會說到在朋友那兒見到的時尚佳餚、新品菜式等，美味的食物與輕鬆的對話相得益彰，倍添樂趣。

雖然音樂對鍾愛它的樂迷來說也有著強大的吸引力，但想要演奏音樂卻需要刻苦地練習。最令人煩惱的事莫過於遇到了陌生的曲子或者沒有曲譜，惰性和樂器走音更是令樂迷頭疼不已。

而餐桌會向一對男女發出強烈的召喚。當他們同坐桌前，相通的情感回應著彼此，自然而然的關注吸引著對方，溫柔敦厚的殷勤愉悅了兩人的心靈，每一個細微的行爲都在宣告著彼此的生活習慣。

這對法國人來說極具新鮮感的觀察，卻沒有逃過英國小說家菲爾丁（Henry Fielding）的眼睛，在其對理查森（Samuel Richardson）的著名小說《帕梅拉》（*Pamela*）的嘲諷衍生之作中，他分別描繪了兩對夫婦是如何享用一天中的最後一餐。

第一對夫妻中的丈夫是貴族之家的長子，繼承了家族的全部財產。第二對中的丈夫是前者的弟弟，他因娶了帕梅拉而喪失了繼承權，僅靠著半薪度日，生活在貧困的邊緣。

貴族和他的妻子從餐廳的不同側門迎面走來，雖然這是他們當天的第一次碰面，但也只是冷淡地打了個招呼。他們在餐桌旁落座，打扮得金光閃閃的僕人圍繞著他們。他們安靜地用餐，毫無樂趣可言。當僕人們退下後，他們開始談論各種話題，尖酸刻薄的挖苦很快演變爲爭吵，兩人不歡而散，回到各自的房間裡，幻想著對方死了自己該有多高興。

反觀他弟弟，當他回到那小小的公寓，迎接他的是溫柔體貼。他們的餐桌很樸素，但菜式卻很豐盛。要不是帕梅拉，他就無法吃到如此美味的食物了！他們吃得開懷，還一邊聊著彼此的事業、計畫與愛情。半瓶馬德拉酒將進餐的享受更加延長。他們爬上床，擁被同眠，一番歡娛過後，兩人沉沉睡去。甜美的夢中，沒有當下的苦難，取而代之的是美好的未來。

美食無須耕耘也無須財富，這就是我們想讓讀者了解的優點。儘管亞述國王薩達那帕培拉斯（Sardanapalus）荒淫無度，但並不會有人因此而譴責女性。同樣，不會有人因爲維特留斯（Vitellius）的暴食與貪吃而背棄一桌精心有序的盛宴。

暴飲暴食、貪婪和縱欲與美食主義的原則相背離，失掉了其美妙之所在，自然也無法稱之爲美食主義了。它們超出了我們的談論範圍，演變成了道德家所批判或是醫學家所醫治的對象。

就像教授在本章闡述的那樣，「美食主義」（gourmandise）是只存在於法語中的一個名詞。拉丁語的 gula、英語中的 gluttony、德語中的 lusternheit 都不是它的同義詞。所以我想給那些意圖翻譯此書的人一個建議：請忠實地保留這個名詞吧，就像其他國家對「風情」（coquetterie）一詞的處理一樣。

一個愛國美食家的評註

我可以毫不謙虛地說，社會的快速發展造就了「風情」和「美食主義」，它使人們的迫切需要得到了滿足，而它們都是「法國製造」。

XI

論美食家

On Gourmands

當不了美食家的人

有些人天生就缺少精細的器官與高度的集中力，即便是最爲美味多汁的食物也無法吸引他的注意。

生理學在很早之前就認識到了精細的器官組織的重要性。有研究表明：某些人舌頭上具吸收與品嘗作用的神經纖維分布較少。這種舌頭對美食的感覺非常遲鈍，往往食之無味，就像盲人無法看到光一樣。

第二種就是那些不能集中精力的人，他們心不在焉、雄心勃勃，巴不得同一時間做兩件事，吃飯的時候總是心猿意馬、囫圇吞棗。在他們眼裡，吃飯的目的只是塡飽肚子而已。

拿破崙

拿破崙就是一個吃飯狼吞虎嚥、隨意且快速的人。在他眼裡，吃飯就是一項工作，和其他事業一樣，只需靠他不被動搖的意志去完成。只要有胃口，他就會開吃。他廚房裡的食物應有盡有，當他想吃的時候，就可以馬上將家禽、牛排、咖啡端上桌。

天生的美食家

相對的，有些人與生俱來就擁有感受和品味味覺刺激的能力。

我是一個保守又傳統的法國人，並且是瑞士神學家拉瓦特（Johann Kaspar Lavater）的追隨者，我堅信人是有先天能力的。

既然世上有人剛出生就眼花耳背、行動不便，那麼有人天生就具備感知能力也是理所當然的。

一般說來，只要見多識廣，就算是不擅長觀察的人，也能找出各種長相的主要特點，像傲慢、自滿、孤僻、好色等。實際上，這些特點並不是長相本身所具有的，只是因爲人們通過表情表達出來了，所以才無法掩飾。

感情可作用於肌肉。通常情況是，就算一個人保持鎮定，但是根據他的臉部表情，我們還是可以得知他內心的各種想法。當肌肉長期處於緊張狀態，就會在臉上留下痕跡，這就解釋了面相變化的原因所在。

美食家的長相

一般說來，身材中等、圓形臉、明眸皓齒、額頭窄小、矮鼻子、嘴唇豐腴、下巴方正，是天生美食家的標誌。女性還具備一些其他特徵：豐腴、可愛，有發胖的傾向。那些偏愛甜食的女性基本上身材都很纖細，長相秀美，她們最獨特的部位就是舌頭。

有上述特徵的人是飲食方面的完美主義者，每一道菜，他們都細心挑選、品嘗，每吃一口都心領神會。假如宴會的主人非常熱情，他們總會多逗留一會兒，甚至玩上一個通宵。所有聚會場合適宜的遊戲與娛樂方式，他們沒有一個不了解的。

與之相對的，臉型瘦長、眼睛與鼻子較大，是缺少口福的人的特徵。他們就算個子不高也會給人一種修長的感覺。他們的頭髮毫無光澤可言，體型消瘦。正是因爲如此，褲子才被創造出來了。用瘦骨嶙峋來形容沒有口福的女人是再恰當不過的了，她們在餐桌上很容易產生倦怠感，玩牌或說閒話才是她們主要的活動。

我想應該沒有人會對這個理論提出異議，因爲每個人都會發現自己身邊就有類似的情況。但是，我還是想用實例來證明它的正確性。

在一次極其重要的宴會上，我對面坐了一位漂亮又性感的女孩。我轉身跟我旁邊的人小聲地說：「從她的外表可以判斷出：她是一個偉大的美食家。」

旁邊的人回答說：「胡說，她都還不滿十五歲，怎麼可能會有如此年輕的美食家？

不過我也挺好奇的，先看看吧！」

一開始，上前兩樣菜的時候，這位小女士顯得小心翼翼。情況不樂觀，我開始擔憂自己的名譽受損，也想不通怎麼會這樣。我開始害怕我百試百靈的法則在她身上失效了，擔心她是個例外；但是，當各種奶油甜點上來時，我又重拾自信。我這次的判斷依舊是正確的，她在吃完了自己盤中的食物後，還將桌子另一端的食物拿了過來。結果，她將桌上所有的甜點都吃過一遍。我旁邊的人驚奇不已，她這麼小的年紀竟然有如此大的食欲。

兩年後，我再次與那位女士偶遇，她結婚快一個星期了，胃口比之前還要大。她儀態大方、婀娜多姿，而且並未跨越習俗的界限。她丈夫表情深邃，難以猜透，就像是一個哭笑不得的口技演員。可想而知，妻子的備受矚目讓他很開心，但是總會有人過分地討好她，於是他吃醋了。當嫉妒心越來越強時，他帶著妻子遠走高飛，從此之後，我未曾再見過她。

在另一個場合，海洋部長德克萊公爵也被我如此評價過。

他在我心中的形象是：身材矮胖、膚色較深、捲髮、身體硬朗。他有著圓形的臉、突出的下巴、厚厚的嘴唇，嘴巴過大以致於與他的身材並不協調。根據這些特徵，我下了結論：他最愛的不過兩件事——美食和美女。我悄悄地把我的發現告訴了我身邊的女士，因爲她看起來不僅美麗而且慎重。但我錯了，她就像夏娃，竟把我的觀察公之於眾了。

第二天，公爵就寄來了信，在信中，他禮貌地否定了我的結論。但我並不低頭，在回信中說道，大自然做什麼事都是有目的的，有的人天生就具備做某些事的能力，如果他堅持不做這些事，就是不遵循自然規律，最後我還爲我的率直向他道歉。

再後來我們失去了聯繫。不久之後，報紙上就刊登了這位部長的新聞，每個巴黎人都知道——他跟他的廚師之間展開了一場持久的較量，但顯然廚師占了上風。較量結束後，廚師沒有被辭退，所以可想而知，肯定是這位藝術家強大的廚藝打動了這位公爵。他擔心其他的廚師不了解他的喜好，要不然他是不會允許下人對他如此不尊重的。

寫到這幾行字時已經是冬天了。一天晚上天氣很好，卡地亞先生來我家做客，在爐火旁坐著。他那時在巴黎聖母院拉小提琴，是那裡的首席小提琴手，技藝高超。當時我腦海裡浮現的全是美食的話題，於是看著他問：「尊敬的教授，您爲什麼不是美食家呢？您具備了美食家的外貌特徵呀！」

他回答說：「以前的我鍾愛美食，但是現在的我有責任戒掉它。」

我問道：「這是爲什麼？」

他並沒有回答，而是發出了一聲長長的嘆息，就像華特．司各特（Sir Walter Scott）那樣。

美食家的職業

有的人成爲美食家是因爲命運的安排，有的人則與他們從事的工作有密切的關係。金融、醫藥、文學與宗教是與美食關係緊密的四門重要的學科。

金融家

我們將金融家稱爲美食主義的「英雄」，因爲他們與貴族們較量，用保險櫃與奢華的盛宴消磨了貴族的趾高氣昂，削弱了階級觀念。就算貴族們還是會挖苦宴會的主人，但是他們的出席已經是對此最好的說明了。

那些不費吹灰之力就能聚斂很多財富的人天生就具有成爲美食家的潛力。財富會因爲各人的條件不同而有所差異，但生理差別並不會因爲貧富的差距而改變。就算一個人掏出的錢足以買下一百個人的食物份量，他們仍舊會被一隻雞腿餵飽。所以，我們需要用新菜餚來提升萎靡不振的食欲，而讓食欲維持興奮與健康狀態正是美食主義的使命。

很多初級烹飪的食譜都是爲金融家量身訂做的，裡面的大部分菜色都適合他們。從前在豐收的季節能享受到第一批豌豆的人是收稅人而非國王。當然，他需要爲此支付至少八百法郎。

醫生

醫藥行業裡的美食家也很多，儘管原因與金融業有所出入，卻有異曲同工之妙。他們是因面對了太多美食的誘惑而搖身一變成爲美食家的。常言道：鐵打銅鑄，誘惑難擋。

醫生是人們身體健康的守護者，無論何時何地，醫生都是最吃香的。世界上最可遇而不可求的東西就是健康，所以，醫生可謂是集萬千寵愛於一身。人們總是會準備最豐盛的食物，熱情地迎接醫生的到來。美麗的女患者呼喚他們、孩子們給他們擁抱、父親與丈夫將照看心愛的人的重任交予他們。他們在他人眼中就是希望與恩人。他們得到了和鴿子一樣多的寵愛，盛情難卻而只能接受。

文學家

在美食的世界裡，文學領域與醫藥領域存在「鄰居」的關係。

路易十四時期的文學家都是極愛喝酒的，從回憶錄來看，他們只是遵從了時代的潮流。而現在，文人們搖身一變成了美食家，這是一種良性的發展。

落拓不羈的傑佛瑞（Geoffroy）宣稱，當今的作品之所以沒有影響力是因爲作者們不愛喝酒。當然，我不能認同他的觀點，我覺得他陷入了雙重錯誤，既沒有認清現實，也沒有看清結果。

現今社會，人才濟濟，他們可能會被彼此的光芒所掩蓋。但後人會更加冷靜地判斷，取其精華，去其糟粕。就像我們給了拉辛（Jean Racine）和莫里哀（Molière）正義的評斷，而與他們同時代的人給的只是冷漠和敬而遠之。

作家在社會中的地位漸趨重要，他們不用再住在被人遺忘的閣樓上了，文學領域已然成爲沃土，靈感之泉在金色的沙灘上流淌，他們不用再唯命是從，他們對美食的需求得到了前所未有的支持。

那些德才兼備的作家從來無須擔心缺少邀約，他們獨樹一幟的演講一直備受歡迎。在社交界，邀請作家出席已經成爲一種風潮。而他們總會遲到一會兒，因爲這種牽腸掛肚的感覺更令人喜愛。人們爲了邀請他們再度出席，不得不細心了解他們的口味偏好。珍饈美饌能使他們的才思雅興迸發，所以人們都會投其所好。當他們對這種款待司空見慣後，就理所當然地成爲了美食家，而這種改變是永久的。

宗教信徒

最後，虔誠的信徒也是美食的膜拜者。

我們所說的「虔誠」的含義是：如路易十四和莫里哀一般崇尚宗教的儀式性。這與善男信女宣導的內在精神信仰是不同的。

接下來就了解一下他們是如何無愧於這個稱呼。在追求靈魂救贖的人中，大多數的人更傾向於選擇最爲平和的方式，而隱居山野、睡地板、穿粗衣的人只是少數派。但他們大多厭惡跳舞、看戲、打獵和其他與此相關的娛樂活動。

一旦人們討厭這種活動，美食就成了新的選擇。某些神學觀念認爲人類是自然的主宰者，造就了地球上的一切事物。美食主義恰恰滿足了這種假設：鵪鶉爲人類而肥壯，摩卡咖啡爲了人類而香味濃郁，糖爲了人類而變得對健康有益。

那爲什麼不帶著適當的節制去使用上帝爲我們提供的一切呢？何況那些本就是會腐朽消失的東西，享用它們又會使人滿懷對造物主的感激之情，何樂而不爲呢？

我們還有其他的理由：盛情款待那些幫助我們、使我們心靈得到淨化的人是合情合理的事，爲了實現這個高尚的目標，讓聚會更加歡快、增加聚會的次數，也都是理所應然的事啊！

許多時候，宴飲之神的禮物會從天而降。也許是一位舊同窗、一位老朋友，又或許是謙卑的懺悔者、許久不見的遠親、勾起回憶的學生……面對如此豐厚的禮物，我們接受它們，受邀人再次回請都是非常正常的事。

另外，這也曾是一種傳統，從前的修道院是名符其實的美食聖地。全法國最好的酒是拉科特地區的聖母往見會修女釀造的；尼奧爾的僧侶發明了天使果醬，蒂耶里堡的祕方讓橘花蛋糕遠近聞名；貝萊的烏爾蘇拉會修女製作了令人愛不釋手的堅果糖。這也是那些業餘的修道學員結束修習時備感傷心的原因所在了。

XII

美食測驗

On Gastronomical Tests

在前面的章節曾經談到如何區分那些自稱是老饕、但事實上卻不然的人，他們在面對最美味的珍饈時，眼神呆滯發直、表情不爲所動。

在這些不懂得品味的人身上，不值得我們浪費佳餚，因此如何分辨這些人，對我們來說就顯得格外重要，我們必掌握這門學問，將人們分類並了解我們的座上賓。

我們全心全意投入研究，並誓言一定要成功，這一切皆歸功於我們的恆心毅力使然，讓我們有這個殊榮可以向高貴的東道主們彙報我們在美食測驗中的研究發現，也讓十九世紀更添榮光。

在美食測驗中，我們會指定那些被公認爲口味絕佳的菜餚，喚醒一個正常人的食欲；任何人只要在這樣的情況下，還不能表現出對美食的欲望渴求或是滿腔狂喜，都將被認爲是不值得接受殊榮，並享受其伴隨而來的歡愉。

測驗的方法曾在大議會中被妥適地檢驗和細細斟酌，用不容改變的措辭口吻，將下列條文都刻載於一本黃金製的書上：

Utcumque ferculum, eximii et bene noti saporis, appositum fuerit, fiat autopsia convivae; et nisi facies ejus ac oculi vertantur ad ecstasim, notetur ut indignus.

這段文字被忠實的翻譯如下：

無論何時，當一道知名卓越的菜餚被端上桌，主人都要留心觀察他們的客人，並譴責那些臉上不能顯露出狂喜的人，他們不值得這一切。

美食測驗的能力是相對的，必須要可以適應不同社會階層的特性與習慣，一切都得被細細斟酌，一場縝密規畫的測驗是不可或缺的，並且要能夠引起他人的欽佩和驚喜。這種測驗方法，隨著社會地位的高升，難度就要跟著增加。因此設計給一個住在陋巷的微寒人士的測驗，對一個富裕的店鋪老闆就顯得沒有什麼效果，如果是對銀行家或外交官測驗，那結果幾乎可以完全忽略了。

在列舉能夠以哪些菜餚來評斷測驗時，我們應該從難度最低的開始，接著慢慢增加難度，讓這個系統制度非常清楚明瞭，並可以讓每個人使用的游刃有餘，也能讓人仿效並按照同樣的原則創造，爲之命名並適用於任何的情況。

曾經，我們考慮過提供一些測驗菜單，不過我們放棄了，因爲我們相信現在已經有很多類似的作品，包括御廚布維里爾（Beauvilliers）先生的作品以及最近出版的《廚中之廚》（*Cook of Cooks*），我們只要向讀者們推薦要看哪些書即可。大家還可以參考維亞爾（Viard）以及艾貝爾（Appert）寫的書籍，讀者將會發現各類科學知識，這是過去類似作品從未見過的。

令人遺憾的是，我不能和大家分享那些在大議會被討論的美食測驗內容，曾經發生過什麼事情永遠都會是個祕密了，不過最後有件小事是我被允許可以洩露的——有個特殊的成員向大家提議，必須要有消極的測驗方式，就是用食物的短缺來進行測驗。

舉例來說，有些意外會摧毀某些珍饈佳餚，或是運送途中的野味被延遲了，無論這些事件是眞是假，主人在發布這個不幸的消息時，要仔細觀察並記錄這讓哪些客人的臉色沉了下來，進而準確測量他們對美食的感受力。

不過，雖然這個提案在一開始提出時受到大家的青睞，但卻沒有被進一步的討論，因爲主席睿智地指出，這些事件的發生也許對那些無趣且不懂得品味的人影響不大，但對眞正識貨的老饕可能產生致命的衝擊，甚至會導致心血管疾病發作。因此，儘管提案人堅持不下，這個提議還是被一致否決了。

接著，我們要提供一系列值得在測驗中被使用的菜餚清單，我們將其按照強度區分爲三部分，以下就是列出的計畫和方法清單：

美食測驗

第一部分

測試者的預計收入：五千法郎（普通階級）

小牛菲力抹豬油佐肥培根，以肉汁煮熟
里昂栗子火雞
精燉培根肥鴿
雪花蛋
史特拉斯堡香腸、酸菜和煙燻培根

評論：來吧！這些看起來天殺的好吃！快來吃吧，這樣才對得起它們！

第二部分

測試者的預計收入：一萬五千法郎（小康階級）

菲力牛肉抹豬油，以肉汁煮至粉紅色澤
野鹿腰腿肉佐碎酸黃瓜醬汁
水煮鰈魚片
普羅旺斯風味特選羊腿肉
松露火雞
嫩綠豌豆

評論：啊，我親愛的朋友，多麼美妙啊，就像一場名副其實的婚禮盛宴！

第三部分
測試者的預計收入：三萬法郎或以上（富裕階級）

七磅重的野雞，以佩里格松露塞成球狀
史特拉斯堡鵝肝醬，擺盤成堡壘狀

醬佐萊茵河香波爾大鯉魚
河梭魚佐鮮蝦奶油
以松露塞滿鵪鶉，置於抹上巴西里風味奶油的吐司麵包上
適度風乾的雉雞，用神聖聯盟軍隊的方式烤製，並以尾巴羽毛裝飾
一百根嫩蘆筍，依照粗細擺排，佐肉醬
兩打普羅旺斯圃鵐，根據《祕密與廚師》一書的食譜烹調
堆成金字塔狀的香草和玫瑰水蛋白霜
（這項測驗是專門提供給女士的，給男士的則提供母牛犢肉）

評論：喔！先生（或是我的老天）！你有一位多麼受人愛戴的主廚！只有在您的宴會上我們才可以享受到如此的佳餚。

通用的調查

爲了要讓測驗結果正確，一定要慷慨地提供菜餚：基於對於人類天性的認識，經驗告訴我們，任何最珍貴的佳餚都會因爲小氣的份量而讓效果大打折扣，起初歡愉的氣氛可能會因懼怕得到很少的份量而被削弱，或是甚至被迫出於禮貌而婉拒。這種情

況通常會出現在那些自命不凡的吝嗇鬼的餐桌。

我曾有許多機會核實美食測驗的效果，在此我描述其中的一個就足夠了。

我當時在屬於第四階層的一位神職人員美食家中作客用晚膳，那裡只有我和友人R是不屬於宗教界的人士。

在第一道備受肯定的開味菜餚後，一隻快要被松露塞爆的巴爾貝齊厄燒烤小公雞緊接上桌，配上貨眞價實被擺盤成直布羅陀岩的史特拉斯堡鵝肝醬。

這種戲劇性的外觀，在聚會上產生了一種雖然鮮明卻難以描述的效果，就像庫柏（Cooper）提及的那種無聲式笑法，我將其視爲對我的觀察力的挑戰。

這道菜馬上起了效用，大家都無法分心了，所有的對話戛然而止，當餐點在傳遞的時候，分菜侍者的美技奪走了所有人的目光，我在每張臉上見到欲望之火掠過，還有那享受的狂喜，以及完美的滿足平靜。

XIII

論宴會之樂
On The Pleasures Of The Table

與地球上其他有感覺的生物相比，人類所感受到的痛苦比牠們多得多。

人類承受痛苦早就在大自然的預料之內，於是讓人們毫無遮蔽地忍受寒冷，讓他們不能光著腳走路，讓他們擁有從古到今人類都有的天性，能夠引發戰爭及極強的破壞力。但動物卻沒有遇到類似的情況，除了因爲繁殖天性引發的戰爭，大部分的動物都不知道痛苦爲何物。可惜的是，人類的愉悅總是稍縱即逝，只有爲數不多的器官能夠享受到快樂。與此截然相反的是，人類身體的所有的部位，無時無刻不在承受著巨大的痛苦。

更嚴重的是，命運會用疾病來打壓那些有不良習慣的人，最爲厲害的招數就是死亡。我們不能將快樂與痛風、牙痛、風濕性疾病、排尿疼痛等疾病相提並論，因爲就算你得到的快樂是親切的，看得見摸得著，也無法與這些疾病或者某些留存下來的痛苦相抗衡。

儘管人們還沒有想通，但就是因爲害怕痛苦，所以才不斷地追尋享樂。由於他們並不能無止境地享受快樂，所以當快樂出現時，人們就會全身心地投入。出於這類的原因，人們絞盡腦汁地將能得到的樂趣多元化，並不斷地改良更新，最後被它們所吸引。在前幾個世紀裡，所有的快樂都披上了神性的外衣，存活於異教徒的思想裡，他們認爲神管理著這些快樂。

在新宗教的影響下，這些被人化的神就不復存在了。雖然我們偶爾會在詩人的詩中找到酒神巴克斯、月神黛安娜、愛神與宴飲之神的身影。他們的神話和歡宴仍持續流傳，像婚禮、洗禮甚至葬禮上都可聽見。

宴會之樂的起源

菜餚的出現使人們不再單純靠水果維生，從而跨入了一個嶄新的時代。肉在填餡烘烤後就可以拿來吃，它就像是一座橋樑，使家庭的每位成員齊聚一堂。孩子年幼時，父親就會與孩子一同分享自己的食物；等孩子長大成人後，他們也會用類似的方式與年邁的父母共享美味。

剛開始，只有血緣關係密切的人才會齊聚一堂，但隨著歷史演變，朋友與鄰居也被囊括在內。後來人們開始移居到世界各處，旅行者會因爲旅途奔波與當地居民一同吃飯，並向他們介紹異國風情，於是熱情好客以及待客之禮隨之誕生，並受到了各民族的重視。就算在最原始的部落裡，人們也不會因爲你吃了他們的麵包或者鹽而藐視你。

宴會之樂與飲食之樂的區別

宴會之樂從是飲食之樂發展而來的，但兩者在本質上相距甚遠。

飲食之樂是身體的需求被滿足後產生的實際感受，而宴會之樂是人會對與此相關的地點、物品、人與事等產生感覺。人類與動物都能感受到飲食之樂，它以饑餓與塡飽肚子的形式存在。宴會之樂卻是人類獨有的，提前細心地準備飯菜、挑選場所、寫下賓客名單等過程，都能促使宴會之樂產生。飲食之樂需要饑餓感與食欲作爲基礎，但是宴會之樂就算沒有這兩者也能夠產生。

宴會之樂與飲食之樂能同時並存。在宴會的第一道菜被端上來後，人人平等，大家都會全心投入品嘗美食，而很少攀談，或者擔任傾聽者。可是一旦人們不再饑餓時，思維也開始活躍起來，開始互相交流，此時的情景完全不同於剛開始吃飯那時。一開始，人們只是被食物所吸引，但是現在卻是每個人盡情釋放自己人格魅力與才華的時刻。

宴會之樂的效用

在宴會之樂中，像喜出望外或者得意忘形的行爲都是很少見的。我們對宴會之樂的評價是：一種從容不迫的享受，能夠給予人們愉悅和寬慰。

總而言之，只要在宴會之中得到享受，即使宴會結束了也仍會覺得神清氣爽。

它對身體產生的效用是：讓大腦活力四射，舒展了因爲操勞而形成的皺紋，使人臉色紅潤，四肢血液通暢。

它對精神產生的效用：增強智力、促進想像力，言談也會鮮活起來。如果人們稱拉法爾（La Fare）與聖奧萊爾（Suimt-Aulaire）爲智慧型的作家，那麼最大的功臣就是美食，因爲是它啓迪了他們。

不僅如此，同桌進餐也可能讓人們的關係產生變化，像戀愛、友誼、事業、投機、影響、控制、遊說、野心、陰謀等等。所以換句話說，宴飲社交是發生上述變化的關鍵，造成的影響也是五花八門。

宴會之樂的附屬

人們爲了延長宴會之樂的歷時與強度，可謂絞盡腦汁。

詩人們會埋怨脖子不夠長，進而無法充分地享受到美食帶來的快感。有些人因爲眼睛大但肚子小，所以在看到美食時也是無可奈何。轉瞬之間，人們就開始用少吃一頓的方式使自己變得更饑餓，來體會大快朵頤的樂趣。

爲了得到味覺上的享受，人們竭盡全力。不過無論如何，快感都不是無窮無盡的，於是，人們只能去尋找與這種味覺快感相關的其他事物，以保證視野與智慧都得到增長。

於是，杯碗上都飾以花卉圖案，客人們戴上了玫瑰花冠，宴會場所可以設置在蒼穹之下、花園之中、樹蔭環繞的山谷間，與自然相得益彰。

音樂與樂器之聲爲宴會之樂添增魅力。回想以前，腓尼基國王設宴時，歌手菲尼烏斯（Phemius）便爲參與宴會的人們詠唱古代武士及英雄的偉大事蹟。

不僅如此，舞蹈、默劇、雜耍藝人們，男男女女都穿著奇裝異服，這在宴會中極其吸睛，但並不會降低人們的味覺享受；空氣中瀰漫著清幽的香味，偶爾有美女爲客人斟酒，這樣就使身體的每個感官都得到了享受。

我原可以爲我的理論提供充足的依據，只要翻譯希臘和羅馬作品，以及法國古代名著中的相關內容就行了。但是很多大家名師已經翻譯過這些書，我才疏學淺，在他們面前只是班門弄斧。所以，我只好引用他人已經論證過的理論並適當延伸。我相信讀者一定會寬容我的自知之明吧。

十八世紀與十九世紀

人們尋求樂趣的途徑極多。不過，因爲環境差異，這些娛樂方式的精緻程度有所不同，並且人們也在不斷地拓展新的娛樂。

傳統美食很誘人，所以我們極易吃撐，但又捨不得浪費。但是當新型美味出現後，我們就可以不用擔憂了，因爲這些新式美味經過了改良。

這些新菜餚除了好吃以外，人們還能不斷變換吃法，油脂含量也少，不僅可以得到味覺上的享受，還能夠使腸胃消化暢通。借用古羅馬的塞內卡（Lucius Annaeus Seneca）說的一句話：天下任何食物都可以吃。

多少人不斷研究美食，卻總是意猶未盡，假若不是要工作睡覺，我們的宴會就會焚膏繼晷地持續，就算在喝第一口馬德拉酒與喝最後一口賓治酒之間隔了很久，人們也不以爲意。

値得強調的是，這種藝術境界並非宴會之樂獨有，擁有好吃的食物、好酒、聊得來的朋友、充裕的業餘時間等條件，就能體會其中的樂趣。

所以我腦海裡總會浮現出此類情景：我因參加了賀拉斯爲他的鄰居所舉辦的樸素宴會而高興；或者我因遇上糟糕的天氣而被他人邀請、盛情款待，而覺得自己是個幸運兒。

餐桌上有一隻肥雞、一隻小肥羊、葡萄乾、無花果、堅果等甜點，我享用這些食物，並品味著曼利烏斯執政時期釀造的葡萄酒。不僅如此，身邊的詩人與我談天說地，這頓飯眞乃空前絕後的愜意享受：

假如我有一位需要招待的客人
或者有個鄰人來我家躲雨
儘管我沒有從城裡買到魚，餐桌上的菜也很簡樸
但是我們卻可以盡情地享受羊羔肉和雞肉
接下來就是葡萄乾與堅果
當然乾無花果也是不可或缺的

如果最近幾天不忙，就約上兩、三對朋友去享受煮羊腿和彭圖瓦斯腰子，當然，喝一些奧爾良（Orleans）葡萄酒和味道極淡的梅多克（Medoc）葡萄酒也是很有必要的。接著便在席間開心交談。假如上述話語能實現，人們絕對會拋棄那些更誘人的菜餚與技藝高超的廚師。

儘管菜餚算不上豐盛，但是配套卻能恰到好處，那就夠了。假如酒水品質過差，或者匆忙地召集客人，又或者客人們都心情低落、匆促地吃完，那便無法體會到席間之樂。

結論

講到這裡，一些讀者肯定會迫不及待地問道：在一八二五年那個神聖年代，需要什麼條件才能將宴會之樂發揮得淋漓盡致呢？下面就讓我來揭曉答案。請豎起你們的耳朵，靠近我，我得到了美食女神的啓示，我的話會比天啓更加清楚明確，我的格言會永垂不朽：

「客人的數量保持在十二人以上，這樣才會有足夠的話題。」

「客人應從事不同職業，不過口味偏好不能相差太大。當然，他們見面時也不會有那些令人反感的禮儀和俗套。」

「餐廳應該挑選寬敞明亮的，桌布應該潔白，氣溫不要低於攝氏十五度，也不要高於二十度。」

「男人要明智卻不掩飾，女人要端莊卻不輕佻。」

「菜量要適宜，但品質必須極好，也得確保葡萄酒品質上等。」

「上菜速度要控制好。由於晚餐是一天中的最後一件事，所以務必讓客人在用餐時能輕鬆自在。」

「咖啡應該是熱的，飲料須有專業人士調配。」

「客廳應足夠寬敞，以保證喜歡玩牌的客人可以有空閒的地方；不僅如此，還應爲酷愛聊天的留有十足的空間。」

「客人應當喜歡把時間花在社交上，並且將此作爲自己的樂趣之一；還應該相信宴會能夠帶來超脫世俗的享受。」

「茶應該清淡，在土司上塗奶油應該有技巧，製作賓治酒時成分要恰到好處。」

「盡量在十一點過後再離開，不過在午夜時一定要休息。」

無論是誰，只要做到了以上的幾點，就可以親身享受到這種超塵出世的樂趣。假如有人感受不到，那只能說明他捨不得花錢，快感才會大幅下降。

我之前就說過，宴會之樂必不可少的就是時間。我用自己的親身經歷來爲我的觀點提供佐證。這也是我爲了表達對讀者的感激之情而回饋給讀者的。

我的表哥表姐住在巴克大街南端，分別是七十八歲的醫生、七十六歲的上尉、七十四歲的珍奈特，他們每次對我的到訪都表現得極爲高興。

有一次，迪布瓦醫生踮起腳尖，用力捶了一下我的肩膀，並大聲笑道：

「你成天吹噓你做的烤起士雞蛋好吃，害我們一想起來就垂涎三尺，我們已經迫不及待了，這幾天我們要享用你做的早餐，讓我和上尉見識一下你的廚藝。」（這件事發生在一八〇一年，至今我還記得他開玩笑的語氣。）

我回答道：「當然非常樂意了，我會親自料理，保證您一定滿意。明天上午十點請按時出席，要不然以軍規處置。」

不出所料，我的兩位貴賓準時赴約。他們的鬍子修整乾淨，頭髮也梳理整齊，還塗了香粉。兩個老頭神采奕奕，身體健壯，腰板挺直。

桌上已經擺好了白餐巾，安排了三個座位，每個座位前都放著牡蠣與檸檬。看到這一切，他們笑逐顏開。每個人面前的牡蠣不少於兩打，擺放成圓形，中間飾以一個金黃透亮的檸檬。

餐桌兩端是兩大瓶蘇塔（Soutard）白酒，瓶塞以外的地方都被擦拭得一塵不染，瓶塞只是爲了證明它的歷史久遠。在那個年代，每天早餐人們總會吃掉百萬隻牡蠣！我剛認識這兩兄弟時，他們正是意氣風發的年紀，而現在已經到了耄耋之年。想當初，他們經常跟教士們外出享受牡蠣，一頓不少於十二打。不僅如此，他們還會跟騎士們一同享受，騎士喜愛吃牡蠣是永遠不會改變的。於是，我情不自禁地像哲學家一樣發出長嘆：時間可以改變政府形態，但在一個極小的習慣面前，它卻無能爲力。

享受了這些美味的牡蠣後，烤腰子與一盤松露被端上了餐桌，接下來就是我做的烤起士雞蛋。

準備好所有的配料後，我把火鍋放在酒精爐上，親自下廚。我的兩個表哥則在一旁全神貫注地觀察我的每個動作。

他們已經被這道菜的魅力所折服，不停地糾纏我，叫我告訴他們祕方。我只能屈服，也是在這個時候，我向他們說了兩件有趣的事，也許讀者在別的地方聽過。

這道菜之後就是新鮮水果和蜜餞，外加一杯純正的杜貝洛瓦摩卡咖啡。壓軸的是兩種功效不同的飲料：排毒酒和去火油。

吃完早餐後，我建議他們運動一下，於是帶領他們參觀我的房子。儘管我的房子離典雅還有一段距離，但已算寬敞明亮。屋頂以鍍金裝飾點綴，在我的客人的眼裡，這種環境是極好的。

我還向他們介紹了我另一位美麗的表親雷加米埃夫人，當然他們看到的只不過是她的小型雕像以及半身像。半身像的創作者是希納，小型雕像的創作者是奧古斯坦。我的兩位貴賓已經被這些雕像所打動，醫生甚至想用他乾扁的嘴唇去輕吻雕像；而上尉的舉動更加輕佻，我只能訓斥他。假如欣賞者都有類似的行爲，只會讓這半身像豐腴的胸部遭逢和羅馬聖彼得像的腳趾一樣的厄運。信徒們的親吻已經使聖彼得像的腳趾腐蝕得很嚴重。

接著，他們看到了一些古代雕像的複製品與我的繪畫作品，這些藝術品的價值也不容小覷。除此之外，我還讓他們看了我的槍械、樂器與一些法國以及國外的精裝書。這次的參觀拓展了他們的視野，不過他們並沒有忽略我的廚房。在那裡，他們將我的節能型湯鍋、自動旋轉烤肉叉、蒸汽鍋等看了個夠。他們細心地看完了每一個廚具，表示我的廚房的確勝過他們的廚房。從攝政王時期到現在，他們的廚房幾乎一成不變。

結束參觀回到客廳後，鐘響了兩聲。醫生說：「糟了，用餐時間到了，珍奈特應該等得很著急了！我們必須馬上回家。儘管我不餓，但是我需要喝湯，這個習慣已經很多年了。假如某天我沒喝到湯，我就會和羅馬皇帝提圖斯（Titus Flavius Vespasianus）的名言一樣：『這一天又白活了。』」

我回答道：「親愛的醫生，不必著急，我請人去和你妹妹說一聲，晚上就與我一道用餐吧。但要先做好心理準備，因爲來不及準備周全，所以晚宴肯定有不足之處，希望兩位不要介意。」

一聽我這麼說，兩兄弟相互使了眼色，欣然接受了我的邀請。

我隨即派人去聖日爾曼大街找了一位技藝精湛的廚師，並讓他根據我的要求去做。在自家與附近的餐館裡備齊所有材料，準備妥當後，一桌誘人可口的美食很快就做好了。

我很樂意看到我的兩位客人爭分奪秒地入座，圍好餐巾，準備大吃一頓。在我看來本該不足爲奇的東西，他們卻很喜愛。那就是帕馬森起士湯和之後上的馬德拉酒，享有「第一外交家」美譽的塔里蘭（Talleyrand）親王把它們引進了法國。我們要向這位賢明的人表示忠誠的謝意，並且無論在任或退休，他都時時刻刻爲國家利益貢獻自己的力量。

晚宴成功地畫上了句點，從宴會的品質到席間的環境與氛圍，絲毫沒有遺憾之處。從我客人流露出愉悅的神情可想而知，這場晚宴令他們十分滿足，並得到了享受。

晚宴結束後，我提出了玩皮克牌（piquet）的建議。但是上尉說與此相比，他更偏愛義大利的法尼恩特紙牌，於是我們挨近了火爐玩牌。遊戲本身不乏趣味，不過我覺得需要加入一些談話的氛圍。我希望我的兩位客人可以像社會底層的人們一般，說話不用太過拘束，所以我向他們推薦了茶。

對於傳統的法國人而言，茶是很特別的，不過他們並沒有反對我的建議。於是熱氣騰騰的茶端了上來，香氣四溢，最後他們喝完三、四杯後還是回味無窮。先前，茶在他們眼裡無異於藥物。

長年的經驗使我做出結論：折服是永無止境的，一旦在內心成形，就不知道怎樣拒絕。所以我用不容回絕的語氣問他們是否願意以一杯賓治酒作為結尾。

醫生回答道：「這會讓我們丟掉性命的。」

上尉說：「我們會喝醉的。」

我並沒有受到他們的意見的影響，還是叫人端來了糖、檸檬與萊姆酒。我將這些配料加進了賓治酒中，此時麵包也烤好端了上來，奶油精緻，鹹度恰到好處。

不過他們這一次提出了異議，因為表哥聲稱已經吃飽了，所以對烤麵包並無興趣。但是我知道這些小吃魅力十足，所以回答道：「就怕你們吃完還會覺得意猶未盡呢！」事實證明我是對的，不一會兒工夫，上尉已經將麵包全部消滅掉了，我看到他還意猶未盡，於是吩咐廚房再做一些。

時間飛逝，當我看錶時，已經過了八點了。客人說：「我們眞的該走了，我們那可憐的妹妹一整天都沒見到我們，我們應該要趕回去和她一起吃一盤沙拉。」這次我並沒有勸他們留下來，而是彬彬有禮地送兩位老人家離開，目送他們坐上馬車。

有人會好奇：一起坐了那麼久，難道沒有一點厭煩嗎？事實上，每分每秒大家都很快樂。我的客人從抵達到臨走之前，臉上一直洋溢著喜悅，烹製烤起士雞蛋，參觀我的住處，品味晚宴中的美味佳餚，還有他們前所未聞的茶與賓治酒。

除此之外，醫生在家譜方面造詣很深，對巴黎的歷史也很有興趣；而上尉在義大利活了大半個人生，他曾是一名軍人，後然又擔任了帕爾馬宮廷的特使。我遊歷的地方也不在少數。我們無所不談，很歡暢也很滿足，而這些都可以用來解釋我們爲什麼會覺得時間如白駒過隙。

第二天清晨，醫生便給我捎來了信，說他回去之後，並沒有因爲先前的大吃大喝而不舒服。取而代之的是晚上酣然入夢，第二天醒來後有一種前所未有的神清氣爽，他說他想再體會一次。

XIV

打獵午餐

On Hunting-Luncheons

可以說，打獵午餐是最讓人流連忘返的事，沒有哪一種休憩時間如此之長，而且一直都使人興致勃勃。

即便最健碩的獵人在狩獵了幾個小時後，也會有倦怠之感。微風迎面撲來，獵人在享受之餘找尋獵物，彈無虛發。烈日當空，直射頭頂，讓獵人覺得有必要放下槍休息一會兒，其實並非他倦意橫生，而是受到了人累了就想休息的本能影響。

所以，他找到了一個有樹蔭遮蔽的鬆軟草地躺下。附近有涓涓甘泉，他將一瓶讓他精力充沛的葡萄酒放入清水中。接著，他從背包裡掏出了冷雞肉與炸肉卷。他在裡面添加了一些格魯耶爾（Gruyere）或酪可福（Roquefort）起士，之後就開始盡情地享用他的午餐了。

他在用餐時並非獨身一人，因爲他旁邊還有人類的忠僕。狗側臥在那兒，用熾烈的眼光打量著主人。他倆因爲打獵而關係密切；他們感情很好，狗很樂意與主人共進午餐。同時，他們的食欲很大，一般人只要一餓了就進餐，但他們卻在龐大的運動量之後才進食，所以他們的胃口大得連貪吃鬼都難以想像，畢竟貪吃的人運動量往往不如他們。

最後，令人愜意的午餐結束了，人與狗都得到了滿足，周圍顯得如此靜謐和諧，令人神清氣爽。現在已是正午，萬物都需要小憩一會兒，他們也不例外。

假如此時有幾位好友的話，樂趣就遠不止如此了，因爲大家會共享自己所帶的食物。人們交流打獵經驗，訴說自己的得與失，並一同展望下午的豐碩成果，其中的美妙愜意可想而知。

如果有隨從拿酒來就更好了，人們盡情地品味著馬德拉酒、草莓或者鳳梨汁，以及可口的飲料、奇特的調酒，血液循環良好，一股暖意湧上心底，那種心曠神怡的快感只有高雅的人才能感受得到。但是，這種曼妙的享受仍然持續著。

親愛的女士們

不止一次，我們帶上了各自的妻子、姐妹、表姐妹和其他女性朋友參與我們的業餘活動。

人們準時赴約，馬兒拉著馬車歡快地奔馳著。美麗的女子坐在馬車上，她們用鮮花與漂亮的羽毛飾品打扮妥貼，沿途笑聲不斷。這些女子的裝束既有軍人之風，同時也不乏端莊，可以稱得上是兩者兼備。連教授都情不自禁地打量起來。

車門打開後，佩里戈爾起士、史特拉斯堡的美食、來自阿沙爾的美味糖果以及形形色色的新奇美味都盡收眼底。香檳也沒有被人忽略，纖細的玉指托著充滿泡泡的香檳杯，人們在柔軟的草地上，或坐或躺，他們將瓶塞向空中扔去，在這個以天空作爲襯托的露天餐廳，借助光線說笑，談話聲與笑聲不絕於耳，人們都盡情地徜徉於無窮的快樂之中。大自然給予他們的食欲，是那些裝飾高貴的餐廳不能匹敵的。

不過最終還是要曲終人散，主人們結束了美味的午餐，男人們扛起獵槍，女人們戴上帽子。相互道別後，美麗的女子們坐上馬車，在視野裡漸行漸遠，唯有晚上才能與她們心愛的人相逢。

這樣的場景我也曾在派克托羅斯水域旁的上流社會見過，但其奢華並非必須。

在法國中部與幾個偏遠地區，我曾見過貌美如花的女士與清純可愛的少女們興高采烈地去赴宴，有的坐著鄉間馬車，有的坐著簡陋的驢車。我看到她們對簡陋車子的不舒適開玩笑，也看到她們將晶瑩剔透的火雞肉凍與親手做的餡餅擺放於野餐墊上。不僅如此，她們還就地取材，利用配料做出了一道沙拉。我看見她們光著腳在篝火旁邊，裙袂飛揚，我也親身體會過她們吉卜賽式進餐後的娛樂與嬉戲。雖然她們並不奢華，但她們的快樂、魅力、愉悅卻不亞於任何人。

道別的時候到了，他們開始親吻告別。首先，她們親吻的是打獵的奪魁者，接下來就是捕獲獵物最少的人。最後爲了防止嫉妒，與其他的人一一吻別。當地人就是用這種方式告別的，我們也可以隨遇而安，尊重民風民俗，以此來建立友誼。

身扛獵槍的同伴們，你們一定要抓緊時間，在女士們到來之前打到更多的獵物！因爲根據以往的經驗，女士們離開後就會一無所獲。針對這種現象，人們各抒己見：有的人說是食物消化時人們會有倦怠之感，這種觀點的立足點是身體狀況；有的人說是人們無法抑制自己想入非非，導致注意力分散；更有甚者覺得女人在耳邊的輕聲細語讓男人們只想早點回家，已全然沒有打獵的心思。

我們堅信獵人們就是易燃品，並且女人們還年輕，所以擦出了火花。但這火花卻令掌管人間狩獵的月神黛安娜生氣，所以在接下來的半天，女神就不再幫助他們。

我們之所以說「半天」，是因爲在恩狄米翁（Endymion）的傳說中，天黑以後的月神就不再不苟言笑，而是溫婉可人的（從吉羅代〔Anne-Louis Girodet〕的繪畫中即可看出）。

XI

論消化
On Digestion

俗話說得好：人活著依賴的不是吃，而是消化，只有消化了才能維持生命。窮人也好，富人也罷；牧羊人也好，國王也罷，都必須遵循此一規律。

不過消化的過程卻鮮爲人知。也正是因爲這樣，我才覺得有必要論述一下。

吸收

當你的身體出現饑餓、口渴等反應時，表示你應該補充能量了，如果沒有及時補充，那麼我們就會受到疼痛的懲罰。

攝食就是以食物入口時作爲起點，到進入食道作爲終點的過程。雖然這個過程裡，食物只經過幾英寸的移動，但是所產生的變化與反應卻不容小覷。

首先，牙齒將食物嚼碎，口腔中分泌出多種腺體，浸濕食物。舌頭將食物控制在上顎，擠壓，攪碎，食物的香味與水分也因此釋放出來，繼而將食物送到口腔中段，壓成小團，憑藉下顎的力量，讓食物從舌頭的斜面進入咽喉，緊接著咽部就將食物送入食道，最後食物透過蠕動後抵達胃裡。

第一口飯就是這樣被送入胃中，而第二口飯的經歷與第一口一模一樣。兩口飯間的飲料也是沿著這個軌跡行進，直到身體發出終止進食的信號，這種吞嚥過程才會告一段落。不過人們對第一次發出的信號不以爲意，因爲人類所獨有的優點就是即便不渴也能喝水，況且現今廚師的技藝精湛，就算人們沒有食欲也想嘗一下味道。

每口飯必須要經過兩個關卡才可以完整地到達胃中，而其中最值得一談的就是它如何突破這些障礙的。

過第一關是爲了防止飯在到達鼻腔後端時被塞住，不過值得慶幸的是，上顎後端是向下垂直的，並且咽部的結構也比較特殊，所以這一難題也得到了解決。

過第二關是爲了避免飯在途中會被氣管吸入，這個問題較爲嚴重，因爲無論是什麼物質，進入氣管後都會經歷一番激烈的咳嗽，直到物體咳出後才會結束。

不過在吞嚥時，聲門會處於閉合狀態，並且位於聲門之上的軟骨還會對聲門起保護作用。換句話說，就是吞嚥的時候，我們會不由自主地屏住呼吸。所以，儘管組織結構比較特殊，但是食物進到胃中還是輕而易舉的事。它在胃裡的活動不再受到人主觀意識的束縛，這也意味著我們所吃的食物正處於被消化的狀態。

胃的職責

消化只是機械性地工作。消化器官就像是個有濾網的磨，它從食物中汲取營養的同時，還能將廢物排出體外。

人們一直在爭論著食物在胃裡是以何種方式進行消化的，有的人覺得是遵循熱化、發酵、再消化的過程，有的人認爲是與胃酸發生中和反應，也有一部分人覺得是在有機物的作用下進行分解。

科學研究表明，以上說的幾種方式都起了相應的作用，只是人們盲目地片面歸結於一種原因。所以，食物在被口腔與食道浸濕後進入胃中，胃液會將其進一步軟化。之後它們就要在約四十度的高溫中被融化，這個時間一般會持續好幾個小時。胃的運動能使食物的過濾與混合的速度加快。這兩種消化方式相輔相成，相互作用。與此同時，發酵所產生的作用也不容小覷，因爲每一種食物都可以進行發酵。

在此過程中，當胃黏膜吸收完胃裡食物形成的乳糜狀物質的營養後，就會在幽門的作用下抵達腸子。之後，胃裡的食物就這樣漸漸被消化了，這個過程與慢慢地將胃填滿是同樣的道理。

幽門是一個連接腸胃的肉質管道，它的結構也表示著食物一旦抵達腸子，就不能再回到胃中。這個通道至關重要，但是非常容易堵塞；一旦堵塞了，就會造成長時間的疼痛。

十二指腸名稱的由來，是其長度大約有十二指那麼長。它位於幽門的出口處，有接納食物的作用。

當食物糜進入了十二指腸後，就迎來了一個新的契機，膽汁與胰液全都融入其中，顏色不再是之前的灰白色，而是變成了黃色，並且散發出糞臭味。越靠近直腸，這種糞臭味就會越濃郁。在食物糜成分的共同作用下，其形態得以不斷變化。不僅如此，食物成分在分解的過程中也會產生氣體。

接著，使食物糜從胃中排出的本能沒有停止工作，繼續使食物糜進入小腸中。因爲臟器的不斷吸收與蒸發，造成血液欠缺營養成分，而食物糜在小腸中被器官分解吸收後，養分被運送到了肝臟中，與血液相融合了，剛好就彌補了血液的這一缺陷。

直到現在我們都不明白爲什麼剛開始食物糜是白色的，並且沒有刺鼻的味道，但是當其中的營養成分被吸收完後，就變爲暗色、固態，而且有濃郁的臭味。不過消化過程中最主要的任務就是從食物糜中汲取養分，血液中缺失的養分得到了彌補，人的體力在最快的時間內得到了恢復。

跟固態食物相比，消化液態食物就成了輕而易舉的事，其中的理由並不難解釋。液體的固態部分，其消化吸收的過程與食物靡完全相同。在胃吸收了純液體後，它就會參與血液循環，在腎的過濾和濃縮作用下，演變爲尿液，之後在尿管的作用下進入膀胱。

在括約肌的作用下，膀胱成了尿液的儲存庫，不過當尿液不斷增多後，會對膀胱造成壓力，於是人們就會產生尿意。接著膀胱自行收緊，尿液被排出體外。雖然我們不常說出尿液排泄通道的名稱，但是大家都心知肚明。

消化耗費的時間因個人體質而異，長短不定。不過七個小時是最平均的時間，有三個小時耗費在胃中，而剩下的四個小時都是在去直腸的路上。

上述的闡述由最知名的專家提供依據，不過原著中枯燥無味的解剖學專業知識和不夠具體的科學闡述，我都恰當地將之刪除了。根據這些知識，讀者可以知道自己吃的飯如今抵達了身體的什麼部位，

換句話說，前三個小時它都在胃裡，而當過了七、八個小時後，它到達了直腸，等著排出體外。

消化的影響

消化是所有身體活動中，影響人精神狀態的關鍵因素。

看到這句話時，每個人應該都很鎮定，因爲除此之外，沒有別的可能了。心理學的基本規則是這樣說的：只有在特定器官的作用下，人的頭腦中才會反映出外界事物

的形態。所以一旦這些感官處於條件惡劣、虛弱、發炎的情況時，感覺就不會如此敏銳。在人類的智力活動中，這些感覺發揮著間接作用，所以我們無意識的開心或者悲傷，都與胃腸的消化有著密切的關係。我們有時候喜歡獨處，有時候又喜歡聊天；有時候沉默寡言，有時候卻又憂傷。不過我們並沒有想到是消化在發揮作用，所以對這種影響無能為力。

正常排便者、便祕者、腹瀉者將文明世界的人畫成了三等分。上述三類人不僅在天性、愛好方面是相同的，並且在完成人生使命方面也有一致性。

為了使我的表達更具體，我從文學界中發現了一個例子。我堅信大部分作家都會因為腸胃的消化不同，而在作品內容與表達方面產生很大的差異。所以，按照我的說法，喜劇詩人可以畫分到排便正常者的類別中，悲劇詩人則應畫分到便祕者類別中，田園牧歌和輓歌詩人則應畫分到腹瀉者類別裡。因為消化水準的不同，所以造就了悲劇詩人和喜劇詩人。

路易十四時期，薩伏瓦親王（Savoy）發動了歐根（Eugune）之亂，宮廷中的一位官員也運用了以上原則，說道：「假如他腹瀉一個星期的話，我堅信他一定是整個歐洲中最懦弱的人。」

一位英國將軍說：「在他們還沒有將牛肉消化之前就應該立即行動起來。」

消化食物的時候，年輕人會略打寒顫，但是老年人卻會嗜睡。這是因為年輕人體內各種化學反應都很強烈，所以需要身體表層的熱量去彌補，於是引發寒顫。老年人身體衰弱，身體內產生的能量要不是只能維持消化的繼續，要不就是只能讓人處於清醒狀態。

消化過程剛開始時，過度的腦力勞動有百害而無一益。不僅如此，高強度的肌肉運動更是致命的。很多人因爲吃飽後沒有稍事休息而失去了生命，這樣的例子不勝枚舉。

此一現象爲那些粗枝大葉的年輕人敲響了警鐘，它也時刻在提醒著青壯年人，告訴他們自己每天都在衰老；而對於年齡超過了五十歲的人來說，它就是法律不能觸及的死刑。

有的人在消化時情緒會跌落谷底，所以在這段時間內，盡量避免與他們商討問題或者向他們尋求幫助。這種狀態的最典型的代表人物非奧熱羅元帥（Charles Pierre François Augereau）莫屬了。在吃完飯的一個小時中，他暴力殘忍，看見誰都想殺掉。

他曾與我說過，軍隊的總司令有權利隨時隨地槍斃他的參謀長與衛隊長。當時兩個人都在他的左右：舍蘭參謀長比較機警，對他逢迎拍馬屁；衛隊長則是沉默寡言，但腦袋動個不停。

我當時在元帥身邊擔任參謀一職，我與元帥同桌進餐，不過我幾乎都不坐在那裡，因爲我忌憚他的大嗓門。說得直接一點就是怕他把我殺了。

當時我們停留在奧芬堡，參謀們埋怨餐桌上沒有魚和野味。他們並不是雞蛋裡挑骨頭，因爲根據法律規定，戰敗的人需要出資爲獲勝方供應一流的餐飲。所以我寫信給這片森林的場主，提到了飲食的不足與應該如何改善。

場主身材高䠷，皮膚黝黑，體型消瘦，精明奸詐，他並沒有給我們留下什麼好印象。毋庸置疑，他爲了能儘早將我們趕出他的領地，所以總是把最差的飯菜留給我們。他的回信也是言辭狡辯，說我們的士兵嚇走了飼養員，因爲水流過大所以漁夫也罷工了等等。而這一切只有一個目的：不履行我們的要求。我並沒有因爲這些理由而與他爭吵，而是命令十個士兵與他一同生活，在沒有接到命令之前都要一直住在那。

果不其然，這個計策奏效了。兩天後，才剛黎明，一輛大馬車抵達了我們的駐紮地，車上全部都是好東西。顯而易見，飼養員再次回來了，漁夫也開始工作了，我們可以一個星期不用擔心沒有魚和野味吃。除此之外，像鯉魚、狗魚、鹿肉、山鷸等等都很豐富，牠們都是上帝的恩賜。

收到這些禮物後，爲了和睦相處，我讓那些不受歡迎的士兵離開了場主家。在之後的一段時間內，一旦我有需要，他就會火速去辦，我們都很慶幸他可以如此慷慨。

XVI

論休息

On Rest

人並不是爲了參加無止境的活動而被創造出來的，大自然已經告訴我們人體變化莫測，人的認知活動無法窮盡，需要適度休息。因爲感覺是多樣的，所以與休息相比，認知活動耗費的時間更久，不過每一次連續不斷的興奮，都會使人產生休息的欲望。因爲休息而出現了睡眠，因爲睡眠而出現了夢。

在夢境中，我們能夠察覺到自己走在人性邊緣。因爲睡著後，人受到法律的保護，但是法律卻無法束縛他，所以他已經不再是普通人了。

我從唐．丟熱那裡得知了過往的一件怪事，這件事發生於皮埃爾．夏岱爾修道院，是個很有說服力的例子。

唐．丟熱是一名步兵隊長，他非常優秀，是加斯科尼的望族。不僅如此，他還是一名聖路易斯騎士。我堅信與他聊天是最令人愉悅的事，無人能及。

他說：「之前我在皮埃爾．夏岱爾那裡見過一位夢遊者，他是一位憂愁、性格孤僻的教士。他總是在睡夢間走出他自己的修道室，接著進到別的房間。人們迫於無奈將他帶回去，用盡各式各樣的方法想要讓他康復，不過最終都以失敗告終。」

「有一天晚上，我因為要看幾篇文章，所以一直都待在辦公室裡，休息的時間比平時稍晚了一些。此時，我發現這個教士在夢遊。我看他兩眼怒瞪，目光渙散，穿著睡衣，手上拿著一把刀。他好像很清楚知道我的床在哪，毫不猶豫地來到床邊。伸手摸著我睡覺的位置，接著對著那個位置砍了三刀，我鋪好的被褥都被砍壞了。」

「當他經過我身邊時，我看到他眉頭緊鎖，臉上卻有一種非常愉悅的感覺。桌上的燈並沒有對他造成任何影響，他原路折返，打開門，回到了自己的修道室。值得安慰的是他安靜地躺回床上，並很快就進入夢鄉。」

「我之後的情緒是你們無法想像的，一旦我想起了剛才那驚心動魄的場景，我就不停地顫抖，感謝上帝讓我倖存。這一事件帶給我的打擊甚大，那個晚上我的心情始終都無法平復，毫無疑問我失眠了。」

「第二天，我問那個教士是否記得昨天晚上發生了什麼事。當他聽到我這麼問，顯得坐立不安。他回答說：『神父，我昨天晚上做了一個讓人害怕的噩夢，我不知道自己是不是被妖魔附身了，我真的無法忍受，也很苦惱，不知道該不該告訴你。』我對他說：『你如實地告訴我，不用緊張，夢都是虛幻的，有可能只是你自己的想像而已。』他說：『我剛進入夢鄉，就夢見我母親被你殘殺了，她渾身是血，告訴我一定要為她討回公道，所以我急忙跑到你的房間，想殺了你。不過慶幸的是，過了一會兒我就醒了，渾身都是汗，我並沒有將夢中的事變成現實。』我盡可能委婉地說道：『實情與你的夢差不多，就差那麼一點，你就犯了無法彌補的錯誤。』我將昨天晚上發生的事一五一十地告訴了他，接著還讓他看了我被褥上的刀痕。他立即跪了下來，爲自己的過錯嚎啕大哭。他懇求我責罰他，不管是什麼責罰他都不會反對。」

「我跟他說：『因爲你是毫不知情的，所以我不會責罰你。從今天開始，你晚上不用再值班了，並且你需要知道的是，你修道室的門會從外面上鎖，除了參加首次大彌撒的時候會開門，其他時間都不允許。』」

儘管唐·丟熱神奇地逃過一劫，但我們可以想一下，假如當時他死了，教士也只是犯下了過失殺人罪，並不構成謀殺。

XVII

論睡眠

On Sleep

睡眠的定義

處於睡眠狀態時，因爲感覺變得遲鈍，身體與外界已經失去了聯繫，只是機械性地運轉著。這種情況與日夜交替的逢魔時刻一樣，睡眠也是兩個分界的交會處，一邊走向遲鈍，另一邊則是走向興奮。

我們可以試著描述這些現象：當睡意湧現時，感覺器官的活動速率會降低甚至是停滯的。最先消失的是味覺，繼而是視覺和嗅覺。然而聽覺並沒有消失，觸覺也一直是清醒狀態，如此當危險來臨時，身體就會及時做出反應。

睡覺之前，或多或少存在對性的需求。因爲它是另一種狀態的恢復，所以身體會歡快地臣服於它。靈魂爲它空出位置，渴望緩解。

學者們並不會厭惡睡眠這件事，在他們看來，睡覺就像是死亡；但死亡是每個人竭盡全力抗拒的東西，當死亡來臨時，就算是動物也會恐慌。

睡眠也可以跟其他的樂趣一樣成爲一種偏好。據調查，人們睡覺的時間占整體生命四分之三。與其他愛好相同，睡眠也會有懶散、怠慢、惰性、死亡等不良影響。

薩勒諾醫學院的觀點是，人每天只需睡七個小時，沒有男女老少之分。不過值得強調的是傳統格言認爲兒童的睡眠時間應該更長一些。

出於禮貌，婦女也可以睡久一點。不過我們不贊同睡超過十小時。

在晨曦中，睡意香濃。我們可以勉強自己清醒一些，眼睛也可以極不情願地打開。引用梅塞內斯（Maecenas）說的一句話：「睡眠只是我的一部分。」但是這種情況會讓許多男子心生悲切，因爲雜念不斷地浮現，可是思緒卻是渙散的。希望之光就在眼前，然而影子朦朧不停晃動。這種狀態不會維持太久，睡眠又馬上占領主導地位。

而在想睡卻睡不著的狀態下，靈魂是如何活動的呢？它陶醉在自身的活動中，它像是心如止水的引導者，又可比喻成夜色中的鏡子，還可以說是無人觸及的琴弦，一直渴望著新的興奮感的來臨。

像萊頓伯爵（Redern）這一類的心理學家認爲：靈魂一直都處於興奮狀態。原因很簡單，當人從夢境中醒來時，總是不斷地回憶夢裡所發生的一切。

有些事情需要觀察與證實。儘管睡眠時間並不長，普遍不多於五、六個小時；不過在這個過程中，身體的倦怠會一掃而空，自身的存在彷彿是可有可無的，睡眠者進入到夢境之中。

XVIII

論夢
On Dream

我們將現實世界在人的內心深處留下的印象稱之爲「夢」，不過實際上，在作夢的時候，並沒有受到外界因素的影響。

人們對這種影響知之甚少，最關鍵的原因還是缺乏對眞實案例的研究。但是時間是最好的療傷者，它可以讓我們對人的清醒與睡眠這兩種狀態有一個嶄新的認識。

隨著科技的日新月異，我們完全可以想像自己的身體中有一種細微卻強大的電流在作用著，感官用它來傳輸印象，最後輸送到大腦，大腦因而產生了想法。

當人處於熟睡狀態，這個電流就會產生惰性。但即使是在睡眠狀態，消化與吸收活動也在不停地運作著，並且不斷地減輕身體的疲勞，所以在睡眠中，只要身體還正常運作，人就不會被外界事物所吸引。在神經的作用下，神經電流傳送到了大腦。人處於睡眠狀態時，電流按照之前的軌跡運作著，雖然程度比不上人清醒時來得強烈，但是它造成的影響卻是一樣的。不難得知這其中的緣由，因爲清醒且受到外部因素的影響時，全身器官都處於興奮的狀態，感覺總是突然的、準確的、出乎意料的；換句話說，如果我們在睡眠中受到這些印象的影響，只會有極少數的神經處於興奮，正是因爲如此，感覺變得抽象、被動了。爲了讓讀者更容易明白，我們也可以這樣說：人處於清醒狀態時，全身感官都可以受到印象的作用；但是人處於睡眠狀態時，只有靠近大腦的幾個部位能接收到外界的干擾。

不過，無論是清醒時還是熟睡時，性給我們帶來的享受所差無幾。但因爲器官存在差異，所以男女兩性需要的滿足條件也就不盡相同。

神經電流傳到大腦後，就會分散到大腦的各個部位，於是我們的感覺出現了差異，也正因爲如此，被激發的是這種想法而非那種。所以，當視神經處於興奮狀態時，我們就可以眼觀四面；當聽覺神經處於興奮狀態時，我們就可以耳聽八方。

我們可以察覺，夢中很少有味覺與嗅覺。我們夢見了花，卻並不能聞到它的芬芳；我們夢見了各種美食，卻無法品嘗到它們的美味。

每一個優秀的科學家都應該追根究柢，弄清楚爲何某些感覺即便在夢中，卻與清醒時一樣使人興奮。不過，截至目前爲止，任何一位生理學家都沒有去探究過這種問題。

在我們看來，人處於睡眠狀態時，都是被內在的因素所影響。所以，我們在結束了親人去世、受絞刑的噩夢後，還會繼續夢見一些超乎尋常的夢，其實這都是理所當然的，因爲，我們從那種噩夢中醒過來後，會發現自己一直在流淚。

夢的本質

就我個人而言，我覺得夢是一種感覺的回憶。儘管在夢中我們會有一些天馬行空的想法，不過仔細觀察後就會發現，夢境要不就是對往事的回憶，要不就是將記憶拼湊在一起。

拼湊記憶的特性也造就了奇特的夢境，但夢並不會受到法律、歷史、財產、時間等束縛。然而，這也不代表夢境都是超現實的。

人們作了奇怪的夢後，不太會產生詫異感，這是因爲我們清醒時，每個感官都會提高警覺，而且彼此聯繫；但是當我們處於睡眠狀態時，我們的每個感官都相互分離，各司其職。

在我看來，大腦的睡眠與清醒狀態就像是一架鋼琴。赫赫有名的音樂家在鋼琴前落坐，當手指觸碰到琴鍵的那一剎那，旋律便了然心中。這個時候，只要他發揮能力，一首扣人心弦的樂曲就應運而生。

我們可以讓比喻更深入一點，當我們發現，意識與反應的關係就等同聲音與旋律的關係，我們的想法因此受到其他想法的制約，就好比先出現的聲音決定了之後出現的聲音，像這樣的例子數不勝數。

關於大腦功能的兩個故事

一七九〇年，貝萊的樂福禮村有一名精打細算的商人蘭道，雖擁有萬貫家產，但卻因腦中風而癱瘓，幸虧醫生及時搶救才挽回性命。不過他卻因此留下了後遺症，失去了包括記憶力在內的所有感官能力。整體來說，他恢復得還算良好，不僅有了食欲，還可以親自打理生意。

他的競爭對手看到他如此衰弱，覺得這是打敗他的最佳時機，趁機向蘭道提出許多買賣、交易，希望他能同意。沒過多久，他們就發現自己太過天眞，所有的計畫不得不就此作罷。

蘭道雖然病了，但他依舊保有商業思維。儘管想不起來自己與僕人叫什麼名字，不過他對變幻莫測的價格仍然了解透徹，能夠準確估計周邊土地與葡萄園的價格。他在商業方面的判斷力沒有受到任何影響。最終，那些想要欺騙他的人都作繭自縛，陷入了自己預設的陷阱裡。

奇羅爾，也是貝萊人，他之前是路易十五和路易十六的侍衛。他並不討厭自己的職業，不過更喜愛撲克、皮克牌、惠斯特牌（Whist）與各種新穎的遊戲。奇羅爾是中風患者，身體幾乎毫無知覺，但幸運的是，他的消化能力與對遊戲的激情並沒有因此喪失，他依舊天天去固定的場所，坐在一個角落裡，彷彿是個局外人。不過當人們聚在一起打牌時，絕對不會忘了他。雖然疾病使他的自理能力下降許多，但玩牌能力卻沒有因此喪失。在他逝世前，奇羅爾再次證明了他的牌技沒有受到任何影響。

不僅如此，貝萊還有一名叫德林的人，是位銀行家。他在推薦信上說他是巴黎人。來到貝萊這個彈丸之地後，他受到了所有人的矚目，每個人都竭盡所能希望這位巴黎人可以開心地度過每一天。德林先生除了是位美食家，還是一位愛玩的人。從某些方面來看，他並不是個貪得無厭的傢伙，因爲他每天能在牌桌上花費五、六個小時。他鍾愛皮克牌，並且總要求每張牌賭六法郎，遠超出大家平常賭注的金額。貝萊這個小城市的人們希望可以成立一家公司，大家共同承擔賭資與風險，如此一來，就解決了資金短缺這一難題了。有人說，巴黎人比我們有文化；有人說，巴黎人都喜歡誇誇其談。不過在各種困境下，公司還是成立了，而奇羅爾就是那個負責與銀行家比賽的重要人物。

當臉型瘦長、面無血色、走路一瘸一拐的奇羅爾出現在巴黎銀行家的面前時，德林的第一反應就是貝萊的人們在戲弄他。不過，當德林與奇羅爾對決時，他才發現奇羅爾的牌技高深莫測，絕不能掉以輕心，否則就會輸給奇羅爾。

奇羅爾對自己的牌技深信不疑。之後的多次對決，德林每次都是慘敗，最後迫不得已付給了公司六百法郎，而公司把贏來的錢分給了貝萊的人們。

上面所說的兩個例子，都證明了儘管大腦有程度上的損傷，但商業能力與遊戲能力卻並沒有因此而喪失。這說明了大腦的某些能力區域可以透過鍛煉得到強化，進而降低了疾病對其造成的負面影響。

XIX

論飲食的影響力
On The Influence Of Diet

身體無時無刻都吸收著營養，就算是休息、睡眠與作夢也不例外，在這個過程中不同的是，我們不用進食。

從理論到實踐，各種層面都證明了無論是工作、休息、睡眠、作夢，食物的品質都對我們極具影響力。

飲食對工作狀態的影響

面對長時間且大量的工作，較欠缺營養的人總是無能爲力，他會汗如雨下、倦怠不堪。他休息的主因就是他無法再繼續工作下去了。

假如他進行的是腦力工作，那麼他就會思緒紊亂，無法整理出正確的思路，並且充滿感性的想法，理性變得不堪一擊。他的腦力在最短的時間內就會消耗殆盡，結果在思考的過程中深深睡去。

那些在奧特伊、朗布耶、蘇瓦松等飯店召開的著名宴會，絕對會使路易十四時期的作家獲益匪淺。批評家傑佛瑞是個不喜與世俗同流合污的傢伙，他用十八世紀末詩人都喜好糖水的事實來指責他們，我相信這是有事實根據的。

就我個人而言，我研究過一些生活貧困潦倒的作家以及他們的著作，發現他們作品的共同特點就是力度不夠，他們文章的力度全都來自嫉妒之心以及若隱若現的攻擊。與此截然相反的是，生活富裕的作家總是可以及時發現自身的缺點以及各種不恰當的文字，所以他們的著作才會流傳千古。

拿破崙在離開布洛涅的前天晚上，與他所有的部長進行了長時間且緊湊的工作，總共超過三十個小時。在此期間，他們只隨便吃了兩次飯以及喝了幾杯咖啡。

布朗先生也說過，曾有英國海軍軍官因爲粗心大意而遺失一些檔案，他因此連續工作了五十二個小時才將這些檔案重新抄寫完畢。這是他第一次進行如此高強度的工作，而且沒吃什麼東西。不過他依靠獨特的方式戰勝了時間，具體如下：先喝杯水，接著吃一些小甜品，之後再喝葡萄酒，喝完後就喝點肉湯。

我記得我在部隊裡認識的一名外交特使，他因爲政府的緊急任務，不得不從西班牙趕回來。這段路程他只花了十二天，途中僅喝過幾杯葡萄酒與幾碗湯，而且幾乎沒停下來休息，日夜趕路。之後他跟我說，如果正常吃飯，他絕不可能在十二天內趕回來。

關於夢

飲食對於作夢也有很大的影響。當人們饑餓的時候就會輾轉反側，餓過頭的話更難忍耐。或許最後人們會因爲筋疲力竭而昏睡過去，但如此仍舊處於淺眠狀態，根本就無法享受到眞正意義上的休息。

但假若你飲食充足，就會以最快的速度進入夢鄉，即便你作夢，醒來後也會忘得一乾二淨，原因是神經電流在每個感覺通道上的流量都是相等的。也是因此，當人們從夢中回到現實時，他會覺得生不如死。當他睡醒後，就會因爲消化食物而倦意橫生。

在大多數人的印象中，咖啡會造成失眠，但產生抗體後就不會如此了。不過歐洲人剛開始喝咖啡時，還無法擺脫它的影響。與此相反的是，有的食物卻有催眠的作用，像乳製品與萵苣類的蔬菜，而最有效的還是蘋果。

據我長期的觀察發現，夢境也會受到飲食的影響。

像瘦肉、鴿子、鴨子、野味這些幾乎無刺激的食品，可以讓人進入夢鄉，其中效果最佳的是野兔。蔬菜類如蘆葦、芹菜、松露、香料、香草等也有同樣的功效，而效果最好的當屬香草。如果餐桌上沒有這些可以催眠的食物，那簡直就是人生一大憾事，因爲它們可以爲我們帶來輕鬆愉悅的美夢。儘管因此剝奪了我們部分的社交時間，不過得到滿足的時間也增多了。

有的人認為夢境是非常浪漫的，偶爾，在第一天晚上作的夢於隔日晚上還能延續下去，在夢中熟悉的人或事可能是他們在現實生活中無法體驗與感受到的。

結論

假如一個人可以及時地感受自己的身體狀態，並且根據原則為自己制定相應的計畫，那麼他們之後不僅能好好休息，擁有很好的睡眠品質，夢境也會非常美好。

他因此能夠有條不紊的工作，不會筋疲力盡。不僅如此，他還會以不同的工作方式來調節自己，讓自己對工作永遠充滿熱忱。他會調節勞逸，避免自己過度勞累，只有這樣他們的思緒才會更加活躍，思考問題時也更加靈敏。我想這對於每一個工作的人都相當重要。

假如他想延長自己白天的休息時間，他就會以坐姿進行休息。他不再會被白天的睡意所征服；假如眞的支撐不住，他會小睡一會兒，但是絕對不會養成習慣。

到了晚上就寢時，他會去通風良好的房間睡覺。為了可以隨時隨地都呼吸到新鮮空氣，他不會拉上窗簾；為了可以在睜開眼時就看見陽光，他不會關上百葉窗。

他會平躺在床上，四肢敞開，頭部稍稍向上仰起。枕頭與睡帽都是亞麻材質的。他身上的被子不會壓著胸部，而且他不會讓自己的腳著涼。

他對飲食也很講究，不過這並不代表任何美味的菜餚他都會吃。他飲用的是一流的葡萄酒，不過就算是再好的酒他都不會過量。他吃甜點的時候直接爽快，不會讓人覺得矯揉造作。這個時候的他，吟誦的並不是眞理名言，而是抒情的短詩。假如咖啡是他喜歡的飲品，他就會品嘗一點，接著再喝一點上等的飲料，而這麼做是爲了讓自己能嘗到一點甜味。他的言行舉止中，最具魅力的是他高雅的品味。除此之外，他是一個很懂得控制自己的人。

當他在這種情況下就寢，他能享受周圍的一切，閉上眼睛就可以進入夢鄉，過了一會兒便深深睡去了，接下來的幾小時他也都處於熟睡狀態。

之後，隨著消化吸收的不斷深入，身體損失的營養也重新得到補充，他又再一次被虛擬的世界所吸引，在美好的夢境中感受到不一樣的場景：他見到了自己的妻子，獲得了那份他喜愛的工作，在微微清風的吹拂下，他去到了他心儀神往的所在。

最終，他慢慢地從夢境中醒來，回到現實生活中。他並沒有因爲睡覺失去的時間而感到遺憾，因爲在夢中，他不費吹灰之力就可以享受到恬靜、純眞的幸福生活。

XX 論肥胖

On Obesity

假如我是一個在醫學方面造詣頗深的醫生，我做的第一件事就是出版一本書，討論關於肥胖的問題，接著一直朝此方向走下去，逐漸建立自己的醫學理論體系。之所以會有這樣的想法，是因爲在保證病人健康的前提下，肯定還有很多爲了維持身材而不斷來諮詢的女性。

當然這些都只是我的幻想，我希望別的醫生可以幫我實現這個願望。條件是他們得博學多才，有謙虛謹愼的態度與樂於助人的美德。只要他做到了這件事，我相信他一定會聲名大噪的。

但是，我也打算找一些與此相關的資料，因爲只有清楚地掌握了人與事物之間的關係，才能將肥胖類的專業問題闡述清楚。

所謂「肥胖」就是脂肪在人體內聚集的現象。就算身體是健康的，可是身體和四肢已不再處於以前的和諧狀態，開始不明所以地粗大。

我將只有肚子大的肥胖者叫作大肚人，而這種肥胖類型則叫作大肚症。這種情況在女性身上很少見，因爲她們的肌肉不夠發達，所以當她們變胖時，脂肪會均勻地分布在全身。而我就是大肚症的典型代表，儘管我每天托著個大肚子，但是我的腿部肌肉卻並不發達，跟在街頭流浪的孩子沒什麼區別。

也是因爲這樣，大肚子成了我的對手。我不奢求自己擁有豐功偉業，只希望早日擺脫大肚子的束縛。我與我的對手展開了激烈的戰爭，這使我經驗豐富，如果要說這章內容有何特殊之處，那應該就是我用了三十年的時間來反抗它。

我與別人一同進餐時，談及肥胖的危害以及影響，大約有五百句之多，我摘出了一些來作爲之後文章的開頭。

胖人甲：哇！好誘人的麵包啊！在哪裡可以買得到？

我：黎塞留大街的利邁麵包房。利邁先生是奧爾良公爵和孔岱親王殿下欽定的麵包師父。我是他店裡的常客，不僅因爲他的店就在我家附近，而且就我個人看來，他做麵包的手藝舉世無雙，卓越超凡。

胖人甲：這麵包品質眞好，我以後也只去他家買麵包。

胖人乙：你們在討論什麼？爲何不吃那美味的卡羅萊納大米而只喝湯呢？

我：這是一種新的飲食法。

胖人甲：說得對！一種獨一無二的飲食方法！我最鍾愛的食物莫過於米飯、麵食與糕點了。它們不僅營養豐富，而且經濟實惠，更重要的是不會對胃造成負擔。

胖人丙：先生，麻煩您幫我拿一下馬鈴薯。它這麼受歡迎，我再不吃就沒得吃了。

我：好的，我把它擱到您面前了。

胖人丙：您不想嘗嘗嗎？剩下的這些對我們倆來說還是很充足的，我們就不必在乎別人了，自己好好享受吧！

我：感謝您的好意，我就不吃了，我覺得只有在人們挨餓受凍時才會吃它，它是最食之無味的食物。

胖人丙：您的說法眞是詭雅異俗！馬鈴薯的味道是無與倫比的。用各種烹飪方法做出來的馬鈴薯我都很喜愛，如果第二道菜是里昂式馬鈴薯或蛋奶酥馬鈴薯，我就更愛不釋手了。我始終堅持我的觀點和看法。

胖女士：能幫我拿一下桌子那端的蘇瓦松（Soissons）豇豆嗎？

我：（幫了她的忙，並用大家並不陌生的曲調輕輕哼著）蘇瓦松的人是最幸福的！門前的豆子迅猛地長！

胖女士：你不該開玩笑，事實上，那個地區的人們就是靠這個過活的。巴黎人花在豆子上的錢可不是一筆小數目。而且值得一提的還有名叫英國（English）的小豆子，它們非常鮮嫩好吃，口感就跟神祇在吃的食物一樣。

我：我不喜歡吃豆子，豇豆也好，英國豆也罷。

胖女士：居然還有不愛吃豆子的人，你的口味好獨特啊！

我：（跟另一位女士說）夫人，我覺得跟上次見面相比，您略微發福了一些，希望您身體健康。

胖女士：這還要歸功於我的新菜色。

我：這是爲什麼？

胖女士：這段時間，我養成了吃完午飯後來一杯味道香濃的湯的習慣。這個湯實在是太美味了，每次我都忍不住用大碗盛，而且這個碗是兩人份的。湯很濃，把勺子插進去都不會倒。

我：（又跟另一位胖女士說道）夫人，看您的樣子肯定需要一點水果奶油布丁，希望我沒有猜錯，我幫您拿吧！

胖女士：抱歉，先生，您確實猜錯了。我只鍾愛這裡的蛋黃米糕（gateau de riz）與蓬鬆海綿蛋糕。您應該清楚，只要是蛋糕，我就會很感興趣。

我：（對下一位胖女士說道）他們喜歡討論政治問題，那就讓他們討論好了。夫人，麻煩您品嘗一下這個奶油杏仁餅，然後再說說您的感想？

胖女士：樂意效勞。我最鍾愛的就是蛋糕類食品了。我的一名房客就是蛋糕師父，我敢保證，他付的房租遠不及我女兒和我在他那裡買蛋糕的花費。

我：（瞥了那個女孩子一眼）顯而易見，您的品味與這個美食很匹配。您的女兒眞是魅力十足，她的美麗讓人無法抗拒。

肉食動物從來與「肥胖」一詞無關，比如說豺、狼類的動物與烏鴉等。除了那些年老的、運動少的草食動物偶爾會發胖，其他的動物要發胖不是一件容易的事。不過如果牠們吃馬鈴薯、穀物與各種麵粉，牠們也會馬上出現肥胖的症狀。在野蠻民族與爲了養家糊口而辛勤工作的人中，看不見肥胖的身影。

肥胖症的原因

上文闡述的觀點，每個人都是最好的證明，所以肥胖的原因也就顯而易見了。

肥胖首先是依個人天生的體質決定的。可以這樣說，每個人都能被某種疾病傳染，我們從人的臉上就可以發現端倪。那些因爲疲勞過度而喪命的人，大部分人的頭髮是棕褐色的，臉是長形，鼻子是尖的。

事實上，有些人的消化吸收決定了他們的肥胖無法避免，因爲他們產生的脂肪異於普通人。我從不懷疑此事，正因如此我也非常灰心。在社交晚會上，每個人都會被年輕、美麗、活力四射的女士迷得神魂顚倒，她有著挺拔的鼻子、豐腴的身材、柔軟的肌膚。不過我卻不會如此，因爲透過這些，我看到十二年後她的模樣，那時的她已經因爲肥胖不再光彩照人，而是疾病不斷。這都是我的經驗之談，說實話，我眞心替她傷心。所以人們說「預見未來只會讓你更加難過」，這句話是合情合理的。

其次，引起肥胖的原因是人們每天都從麵粉與澱粉類食物中攝取營養。就像前文所說的，不管是什麼動物，吃澱粉類食物都會發胖，就算他們不願如此，但在事實面前，人人平等。

澱粉與糖融合後，更容易導致肥胖，因爲糖和脂肪裡易燃的氫元素都極其豐富。不僅如此，因爲澱粉與糖融合後的食物會更美味，因此人們的胃口變得更大，也極易變胖。爲了抑制食欲，人們都選擇吃完主餐後才吃甜食。

啤酒類的飲料澱粉的含量不容小覷，它也是導致肥胖的主要原因。在那些喜歡喝啤酒的國家裡，大肚子隨處可見。一八一七年，因爲經濟不景氣，很多巴黎人選擇飲用啤酒，最終使得許多人的胃口變大，無法恢復到以前的狀態。

睡眠過多與運動量少也是引起肥胖的關鍵因素。

在睡覺時，由於肌肉不運動，所以在同一時間內，人們需要的能量比消耗的能量多。然而，人只能靠運動將體內多餘的熱量消耗掉，但是睡眠時間和運動時間並不相等，人們用於睡覺的時間更多。

再者，睡眠時間過長，人就會對消耗熱量的運動產生惰性，於是吸收的多餘養分就會在體內循環往復，在生理過程的作用下，多餘的氫元素就會轉化成脂肪，寄居在細胞膜內。

飲食過量是最後一個引起肥胖的因素。我們之前就說過，人類是特別的，因爲就算沒有饑餓感或者渴感，他們都能盡情吃喝，這一點是其他動物不能企及的。人類因此才會是宴會之樂的享受者，才想成爲宴會之樂的延續者。

我們可以從兩個方面思考他們的這種想法。第一方面，人盡皆知，野蠻人對食物是無法抗拒的。另一方面，我們以文明人的身分生活在這個全新的世界，其實獲得的營養也是很多的。當然我已經將爲數不多的、由於貪婪和無所作爲而與世界脫軌的人排除在外。貪婪者大腦中想的就是如何掙更多的錢，無所作爲的人只會成天爲自己的前途而鬱鬱寡歡。我相信我說的是對的，而我理論中的主要對象是那些經常相互請客的親朋好友，他們可能因爲菜色太過美味或者第一次喝某種酒，所以就算吃飽喝足也要繼續吃喝。這些人之中，有的是每天都享受美味，有的是每周一次聚餐時享受，但是無論是哪種人，他們每次都超量飲食。

每個人的體質都不一樣，因此吃喝過量造成的影響也就不同。像腸胃不好的人，它引起的不是肥胖，而是消化不良。

麻煩的肥胖症

肥胖會令人失去健碩的身材，所以男女都會因此而覺得自卑。肥胖會使人體力不支，因爲脂肪只是增加體重而不會增加力氣。不僅如此，肥胖患者還會呼吸不順，所以過度的體力勞動對他們來說猶如天方夜譚。

肥胖影響外貌。因爲它使身體不再平衡協調。腹部是人體最容易發胖的部位，與其他部位比，它的發胖機率更高。

肥胖會使身體線條產生變化。我們經常會遇到這種事，本來清瘦、美麗別致的臉龐會在肥胖的作用下，變得臃腫、平淡無奇。比如前任政壇領袖，在最後一次競選中他已經非常的胖了，他的臉色從蒼白轉爲青灰色，眼睛也不再像往常那般明亮。

肥胖會使人對跳舞、散步、騎馬產生惰性，一切靈敏性強或技巧性強的工作或運動他們都不擅長。

肥胖還會導致很多疾病，像中風、水腫、下肢潰瘍等都是它所引起的，而且它還會讓很多疾病變得更加難以痊癒。

肥胖症的例子

在我印象中，肥胖的典型代表有古羅馬元帥馬略（Gaius Marius）和波蘭國王約翰三世（John Sobieski）。

馬略的身材屬於五短的類型，腰圍與身高沒有差別，他的肥胖甚至使他幾乎丟掉了性命。那時土耳其騎兵對他窮追不捨，他累得幾乎不能呼吸。幸好他手下的衛隊誓死攔截敵人的進攻，讓他騎上了馬，才逃過一劫。

在我的印象中，亨利國王的兒子旺多姆公爵（Cesar of Bourbon-Vendome）也是胖得驚人。他是在一個旅館裡去世的，是位孤寡老人，在他臨終之際，還能清楚地看到唯一留在他身邊的人把他的枕頭拿走了。

諸如此類的肥胖事例不計其數，這裡不再贅述，只想與大家分享我的所見所聞。

年幼時，我與拉莫先生是同學，後來他被任命為勃艮第山區的拉沙勒市市長。他高約一五七公分，體重大概有兩百公斤。

經常在宴會上與我比鄰而坐的里奈公爵，其肥胖也是超乎尋常的。因為肥胖，他不僅沒了健美勻稱的身材，而且他的下半生都是在渾渾噩噩中度過的。

不過在我所見的那麼多人中，最胖的當屬一個紐約人。他生活在百老匯大街，他的腿需要用專屬座椅來支撐，那腿粗得甚至可以支撐起一座教堂。

愛德華的身高有一百八十公分，腰圍不少於兩百公分，全身上下都是脂肪。他手指的粗度與一位肥胖的古羅馬皇帝不相上下。那位皇帝的戒指是他妻子的項鍊；他的胳膊、腿可以與普通人的腰相媲美；他的腳與大象的相比，有過之而無不及；他下眼皮上的脂肪逼迫下眼皮耷拉著，結果使眼睛無法闔上，所以給人一種瞪人的錯覺。他那圓鼓鼓的下巴有三層，這也是他全身上下最讓人覺得醜陋的地方。正因如此，他的臉與螺旋柱頭無異。

愛德華坐在靠近街道的房子的窗前，一個大酒杯就放在他觸手可及的地方，偶爾倒上一杯麥芽酒品嘗，他每天都是如此度過的。他那非比尋常的面容總是使人們駐足不前，不斷觀看。可是愛德華無法容忍他們長時間的觀望，他總會用粗俗不堪的言語把他們趕走：「有什麼好看的？沒水準……有多遠滾多遠，丟臉的東西！」像這樣的話已經是見怪不怪了。那個時候，我經常碰到他並問候他，偶爾還會聊上幾句。他說他小富即安，每天過得都很愜意，只要活著，每天都是幸福的。

根據本章闡述的內容，讀者可以得知，肥胖稱不上是一種病，但是它卻會給人們帶來煩惱和不便，會讓我們作繭自縛，無法掙脫。

XXI

肥胖症的預防與治療

On The Treatment Of Obesity

我首先會用一個事例來表明，在預防和治療肥胖症的時候，勇氣是必不可少的。

路易．格雷福勒先生，後來榮升爲伯爵，有一天早上他來探望我，希望了解關於肥胖的問題，並問我有什麼好提議。因爲他不僅知道我對肥胖頗有研究，而且他也深受肥胖所害。

我回答道：「先生，您知道我不是專業的醫生，所以我完全可以不回答您的問題，但倘若你能遵守我的要求，並堅持一個月，我還是會給您一些建議的。」

格雷福勒先生毫不猶豫地答應了，並與我握手以示達成協定。第二天，我給了他些許建議，其中有一條就是必須測量減肥前與減肥後的體重，這樣才能更容易看出改變。

一個月過去了，格雷福勒先生再次光臨，跟我說了這些方法的效用：「先生，我一直按照您的建議去做，不敢有所怠慢，它們就像是我生活中必不可少的一部分，一個月內，我瘦了三磅多。不過正因如此，我的飲食習慣甚至別的習慣全都被打亂了，我有點難以忍受。您的建議確實非常有用，但我不想再繼續了，就算以後會有不好的結果我也不在乎。」

聽他說完，一股莫名的感傷湧了上來。毫無疑問，結果是格雷福勒先生不斷地變胖，忍受著肥胖帶來的痛苦，在四十多歲的時候因窒息症而去世。

基本方法

所有治療肥胖的方法都應遵守此三個原則，從理論的角度說，它是無可挑剔的，這三個原則就是：飲食需謹慎，睡眠要適度，多步行或騎馬。

儘管這些方法實踐價值高，效果顯著，但我卻不看好它們。因爲我清楚地明白人們無法徹頭徹尾、鍥而不捨地實踐它們，所以取得的成果也就不顯著。

第一，控制食欲，從餐桌上離開是需要鼓起巨大勇氣的。只要食欲沒有消失，人們就會不停地吃下去，無法停歇。大抵來說，有饑餓感時人們就會持續不斷地吃，醫生也是如此，很多人正是因爲看到醫生也這樣做，所以才更加肆無忌憚地滿足自己的胃口。

第二，要肥胖的人早起，宛如像在心口捅刀子般。他會找盡各種藉口，說他不能起得過早，要不然一整天都會無精打采，影響工作。女士們則會說，早起會讓她們面容枯瘦。晚起晚睡的觀念已經在人們心中根深蒂固了，於是這條建議也不可行。

第三，騎馬是一項貴族運動，不是每個人都能負擔得起昂貴費用的。假如讓一位美麗的胖女士去騎馬，她就會用開玩笑的口氣說道，如果滿足以下三個條件她就會去：第一，她騎的馬必須是英俊、活潑、受過訓練的；第二，她的騎裝必須是款式新穎的；第三，她需要一位勇猛又熱心的紳士作爲她的守護者。由於這些條件無法同時達到，所以讓她們騎馬也同樣難以辦到。

人們也對步行這一鍛煉提出許多異議：它枯燥無味，不僅讓人流汗感冒，而且襪子都會被弄髒，鞋底也會被石頭磨爛等等。假如人們在一項運動中有不舒適的感覺，哪怕是頭疼或者身上被畫了道小口子，人們都會批評這項運動，並且不再需要它，醫生也會在一旁小題大做。

所以，就算人們知道只有控制飲食、早睡早起、多運動才能達到減肥的目的，但是他們還是會不斷地尋找新方法、新途徑。如今防止肥胖過度與減肥的方法都已問世了，這些方法以安全的化學和物理原理作爲基礎，讓飲食習慣有規律可循，進而達到減肥的作用。

不過藥物處方無法跟食療相媲美，因爲無論人睡眠還是清醒，食療都能起到一定的作用。當飲食越合宜時，它的療效也就越明顯，可以控制全身每個肥胖的部位。減肥藥是不能盲目吃的，因爲導致肥胖的關鍵因素是麵食與澱粉攝取過多，人與動物皆如此（動物的育肥過程就是一個最好的例子）。所以，如果控制麵食或澱粉的攝取量，我們的體重就會下降。

我的讀者，無論男女都會說：「天哪！教授也太殘忍了！他居然想剝奪我們吃利邁麵包、阿沙爾餅乾、某某蛋糕與所有用麵粉、糖、牛奶製成的美味食品的權利，要知道這些可是我們的最愛！他居然不讓我們吃馬鈴薯與義大利麵！這種話怎麼可以從如此和藹可親的美食家口中說出呢？」

聽到人們這麼說，我變得嚴肅了，我很少如此嚴肅，我回答道：「你們怎麼能這樣說呢？如果你們眞想吃，我絕對不會阻攔的，但是我會將你們的症狀，諸如發胖、變醜、體重升高、呼吸困難、因高血脂而喪命等記錄在我的書中，到時候你們就可以從我出版的書中找到自己的身影……因爲這幾句話你們就害怕了嗎？你們想讓我把剛剛那些話收回去？爲了緩解你們內心的不安，我會給你們一些飲食的建議，其中有一部分也是可以享受的，因爲活在這個世界上，就必須要吃。」

「你愛吃麵包？那就選擇黑麵包。那些生活在山裡的、身材健碩的年輕人，就是證明它們效用的最好例子。不過它的營養與口感都要遜色一點，但是它也讓我們不違背飲食原則。一定要控制好自己，一定要堅持不懈。」

「你愛喝湯？那就選擇清淡的蔬菜湯。你可以在湯裡放一些綠色蔬菜與根莖類，但是切忌放入麵包與麵粉糊。只要是脂肪含量多的湯都要禁食。」

「第一道菜你可以無所顧忌地吃，除了雞肉、米飯和餡餅皮。這些食物是不能吃的，其他的你都可以盡情地享受，於是當第二道菜上來時，你就沒有食欲了。」

「當上了第二道菜時，你要控制自己。只要是麵食，無論它多麼的美味誘人，你都要安之若素。對你來說，吃烤肉、沙拉與綠色蔬菜就很充足了。假如你特別想吃糖，那就用巧克力霜淇淋、橘子水、賓治酒或者其他相似的水果冰代替吧！」

「開始上甜點了，切記，這是一個危險的信號。但是長時間地依照原則行事，應該可以讓你控制好自己。需要注意的是，餐桌的兩端放有美味的薑餅，你需要提高警覺，對餅乾與蛋白杏仁霜都要視而不見。在你的眼中，餐桌上只有水果和果醬的存在，你可以根據自己的偏好選擇自己喜歡吃的水果。晚飯後，喝咖啡與飲料都是可以的，適量的茶與賓治酒我也不反對。」

「說到早餐，就應該吃一些黑麵包與巧克力，但不能喝咖啡。假如非喝咖啡不可，那喝之前先放點牛奶。除雞蛋以外的食物都可以吃。早餐時間應該要稍早一些，如果早餐吃得晚，還沒等肚子裡的食物完全消化，更又得開始吃午餐了。因爲你吃的量較多，所以這種沒有饑餓感的吃喝成了導致肥胖的原因，而這種情況實在是太常見了。」

養生之道

在上述文章中，我扮演的是一位和藹又聰慧的父親，不斷地給予大家一些預防及改善肥胖的建議。但是下文中我還要對我之前的建議進行補充。

三十瓶德國的賽爾澤（Seltzer）礦泉水是每年夏天的必備之物。早晨醒來後就要喝上一大杯，飯前喝兩大杯，睡覺前也需要喝兩大杯。葡萄酒請盡量挑選清爽並帶有酸味的，像安茹（Anjou）葡萄酒就是不錯的選擇。對於啤酒就要敬而遠之了。多吃蘿蔔、菊芋、蘆筍、芹菜、薊菜。選擇肉類時最好吃小牛肉與鳥禽。吃麵包時，外皮都不要吃。假如一些食物自己不好掌控，那就去諮詢醫生的建議。這些原則只要你開始接受，用不了多少時間你就會發現結果出乎你的意料，你重拾了曾經的清純、美麗、活力四射，不會再有無能爲力的感覺了。

於是你踏上了減肥的路，不過我需要告誡你小心跌入陷阱。因爲你滿懷激情與肥胖戰鬥，很可能也會矯枉過正。我所說的陷阱就是酸味食品。有些人會建議你食用它們，但是根據我的經驗，它的副作用可不小。

酸性食物的危險

女士們都認爲酸性食物可以預防肥胖，最具代表性的是醋。事實上，這種觀念是錯誤的，每年因此而死亡的年輕人不計其數。食用酸性食物確實有瘦身的功效，但是這也意味著你會失去健康、活力甚至是生命。酸性食物中，副作用最小的是檸檬，但這並不代表胃在吸收它時不會受到影響。

我希望我說的內容可以人盡皆知。但因讀者不能爲我的論述提供依據，所以我將會用自己的經驗來作爲證明。

一七七六年，醫生資格培訓課程在第戎展開，我當時也參加了。吉東·德·莫沃先生是我們的化學老師，當時他擔任檢察總長一職。作爲法蘭西學會的終生幹事、巴薩諾公爵的神父馬賴先生是我們的家庭醫學課老師。

那裡的女士非常迷人，起碼我是這麼認爲。我和其中的一位美麗的女士因志趣相投而成爲了朋友，我說志趣相投還是比較保守的說法。那段時間，我的文質彬彬都是爲了達到她的審美標準，搏得她的歡心。

之後，我們的友誼非常穩固，但這並非是我們刻意去塑造的，而是自然而然地發展出來。從我們初次相遇成爲普通朋友，以至更進一步的友誼，都是水到渠成的。她總是會悄悄地向她媽媽訴說她的幸福，但是她的媽媽並沒有反對，因爲母女倆都是心地善良的人，可以與黃金時代的人們相媲美。

露意絲美麗動人卻不矯揉造作；她體型勻稱豐腴，不乏古典美女的韻味；她的美麗令人激賞，就像是一尊藝術品。儘管我與她只是朋友，但我還是被她的美麗所打動，情不自禁地幻想我與她之間會發生什麼。或許我自己還沒有意識到我對她的感情已經到了無法自拔的地步，但事實就是如此。一天黃昏，我專注地盯著露意絲看：「親愛的朋友，妳的身體是不是沒以前好了，妳越來越消瘦了。」「哦，沒事。」她笑著說，可是她的笑容中卻夾雜著一縷煩惱。她說：「我的身體除了瘦一點以外沒有哪裡不好，我相信就算再瘦一點也不會威脅到我的健康。」我頓時緊張起來：「減肥？妳這樣很美麗啊，既不需要減肥也不用增肥，維持現有的體態就夠了。」我勸說著她，已然把自己當成了一個二十多歲的追求者。

自從這次談話，我就一直爲我的朋友擔心。過了一段時間，我最不願意見到的事還是發生了。我發現她面無血色，兩頰深陷，已沒有了昔日照人的光彩。是的，美麗是最柔弱的，也是最易消失的。在此期間她並沒有放棄跳舞的愛好，因此我藉著她當我舞伴的機會，邀請她放棄兩段方舞陣的時間與我閒聊一會兒。我不停地問她究竟怎麼回事，最後她道出了實情：她的朋友總是笑話她說兩年內她就會成爲一個胖子，甚至與聖克里斯多夫相比有過之而無不及。她對此十分地反感。所以她透過別人的幫助，發現了一種減肥的方法，就是早晨醒來後喝杯醋，持續一個月。她甚至跟我說，我是第一個知道這個減肥方法的人，她從來都沒跟別人提起過。

聽到這裡我不禁緊張了起來，因爲只有我知道這其中的利害關係。第二天清晨，我便將這件事如實告訴了她母親，當然，她愛女心切的母親被嚇到了。我們立刻請醫生爲她治療用藥，但爲時已晚，她已元氣大傷，沒有挽回的餘地了。當我們得知其中的緣由時，已毫無希望可言。因爲盲目聽信別人沒有根據的建議，美麗動人的露意絲身體逐漸虛弱，疾病不斷，年僅十八歲便過世了。

臨終前，她兩眼無神地凝視遠方，就像在眺望未來，可是未來對她來說已不復存在。儘管她並不願想起那讓她付出生命爲代價的可笑行爲，可是又不能控制自己不去想。正是因爲這種悔恨，讓她更快地香消玉殞，使她遭受了更大的苦難。

這是我第一次感受到朋友從我身旁消失的痛苦，她是倚在我懷裡去世的。那時她想仰望天空，所以我緩緩地將她抱了起來。在她去世的八小時後，她母親懇請我一同去見她女兒最後一面。我們很是詫異，因爲露意絲臉上不再有痛苦的神情了，彷佛開心地離去。對這一變化，我百思不得其解，可她母親卻說是一種好的預兆，於是我們心裡也就踏實了。這種現象是很普遍的，拉瓦特在其面相學著作中就闡述過相關理論。

束腹帶

值得一提的是：減肥飲食都應該有相應的輔助道具。第一就是不管白天或者晚上都要繫上一條稍微緊一點的腹帶，這樣胃就不會脹得太大。

這一個動作相當重要，因爲就腹腔來說，脊椎就像是一堵牆，堅硬牢固；腸道吸收的多餘營養會轉化成脂肪，堆積在腹腔的周圍。這種膨脹具有無限上升的可能性，但人體的收縮力在它面前顯得微不足道。於是，只能借助腹帶的力量來與之抗衡，讓脂肪無法不斷向外擴張。所以腹帶有兩個作用：吃飽時避免肚子向外脹，空腹時又使腹部的收縮力增強。需要切記的是，夜裡睡覺時也不能將腹帶取下來，要不然就會使白天的努力付諸東流。剛開始會有不舒服的感覺，但是過了一段時間，就會徹底地習慣它的存在，晚上睡覺也不會不方便。

不過這並不意味著患者要一直繫著腹帶。當減肥達到了預期的目標，且情況穩定後，就可以不用再繫著腹帶了，但請務必保持良好的飲食習慣。我在六年前就擺脫了腹帶的控制了。

上述提議是我針對減肥時的煩惱與不順所提的建議。這些建議的效果非常顯著，因爲這是我具體分析、考慮人性的弱點後才得到的。在這之前，我也有一個觀點：規定越嚴格，效果越差。原因很簡單，當規則太過嚴格時，人們不是敷衍了事就是完全不付諸行動。必須要經歷艱辛的過程，效果才比較明顯，所以，我強調人們不應將自己的目標定得過高，要在自己能力所及的範圍內。假如條件允許，盡量選擇與自己的興趣愛好相近的方法。

XXII

論消瘦
On Thinness

定義

消瘦是由於身體肌肉外沒有足夠的脂肪，所以形成了體態曲線分明的情況。

消瘦的類型

消瘦有兩種可能：第一種是人與生俱來的體質，人的每個器官都在正常地工作，也沒有任何不健康的表現；第二種是因為某些器官的衰弱或者炎症導致的，這種人弱不禁風。我認識一位身高中等的女性，她的體重卻只有三十公斤。

消瘦的影響

從男性的角度說，瘦一點並沒有危害。按照普遍狀況來看，清瘦的男人不僅不虛弱，而且更加活力四射。之前提到的那位女性，她的父親也很清瘦，但是非常健碩，他的牙齒能夠承受一把椅子的重量，還能向上扔，把椅子拋過自己的頭頂。

不過從女性的角度出發，消瘦卻是一場空前絕後的災難。在她們眼裡，美麗勝過生命，而體態的豐腴與優美的線條則是我們評判美麗的標準。缺陷是無法隱藏的，稜角是難以磨平的，就算是梳妝打扮或者用好的化妝品都於事無補。有一句老話說的好：不管你生得多美麗，太瘦都會讓你的魅力大打折扣。

醫治身體虛弱的人是一件很難的事。有時儘管請醫生治療了，但是病情不斷變化，使得治療也徒勞無功。

不過那些與生俱來就清瘦的人，她們的腸胃正常，所以讓她們健碩起來就像將小雞養肥一樣簡單。但是養胖女人花的時間卻比小雞長，因爲人類的胃容量只占身體的一小部分，而小雞卻不是如此。除此之外，我們並不能將飼養家禽的辦法用在人身上，讓人吃經計算後調製的食物。

我的比喻並沒有惡意攻擊的意思，只是爲了讓我的文章表達得更清楚才這樣說的。希望女性朋友們不要見怪，因爲我也是出於好心。

體質之別

大自然是變幻莫測的，它創造消瘦的同時，也創造了肥胖。

天生就瘦的女性，身形看起來彷彿被拉長。她們手腳瘦弱，雙腿修長，骨頭外只裹著一層皮，稜角分明，鷹鉤鼻杏核眼，嘴巴很大，下巴較尖，棕色的頭髮枯燥無光。

這裡描寫的是大部分人的模樣。有的人也許與描述有所出入，不過那都特例。

你偶爾會發現有些人雖然清瘦，但是胃口卻十分好。我特別詢問過他們，他們說自己的消化功能本來就比較弱。這也可以解釋他們爲何如此清瘦了。

消瘦的人的頭髮與體型存在很大的差異。不過他們也有相似的特徵，就是無論長相還是整體，他們都沒有驚人之處。他們眼神木訥，嘴唇發白，五官中流露出一種萎靡不振、體弱多病、痛苦不堪的神情。毫不誇張地說，他們看起來就是有缺陷的，他們的內心完全沒有希望之光。

增重之道

健美是每個消瘦女人夢寐以求的體態，她們不厭其煩地跟我訴說這個心願。出於實現她們心願的目的，我竭盡全力使服裝店中的衣服不再忽視消費者的身材。說得難聽點就是，長得不好看的人，無論衣服再精緻，穿在她們身上也會讓人反感。

好的飲食習慣就能造就身材的豐腴：要改變對飲食的偏好，無須增加休息與睡眠時間，只要重視飲食就夠了。少運動的人也會發胖，但是運動會讓你變壯，因爲運動過後胃口會變大。當食欲得到滿足後，吃飯的人心情愉快，身體需要長胖的地方也得到了補給。

假如你睡眠時間長，睡覺會引起你的肥胖；假如你睡眠時間短，肚子裡食物消化的速率就會增快，食欲也就更大。

現在亟待解決的問題，就是我們應該用何種營養方式讓瘦子擁有健美的身材。這個問題並不難解決，因爲在之前的篇章我們就陳述了許多方法。現在，我們就爲一位亭亭玉立的女子或者清瘦的男士安排一天的營養飲食，竭盡全力達到他們想讓身材更加豐腴的目的。基本原則是吃的麵包最好是當天烘烤的、新鮮的，而且要去掉外面的一層脆皮後才能吃。

早上八點，喝一碗配有麵包和麵團的濃湯，假如還沒起床那就在床上享用。喝的湯要適量，否則只會飛快地經過腸胃，而不能眞正的被吸收。假如你喜歡，喝一杯巧克力也可以。

十一點時吃早餐，主要的食物有烤炸的鮮蛋、小餡餅、肉排與別的食物，但是主食中一定要有蛋。喝一杯咖啡也不會對身體造成危害。當你早餐吃的東西已完全消化後，就可以開始吃晚餐了。眾所周知，假如胃腸因爲吃下去的食物而無法正常地運作，那麼就會導致消化不良。

吃完早餐後可以鍛煉身體一會兒。男人們只要時間充裕，運動是首選。女士們可以在布洛涅森林或者杜樂麗宮散步，也可以去服裝店、女帽店或者其他時裝店打發時間，甚至還可以與她們的朋友相聚在一起，暢聊自己的所見所聞。聊天的效果是有目共睹的，因爲聊天後人們內心會感到滿足。

晚餐中一定要出現湯、魚、肉，還可以吃上些許義大利麵、米飯與甜奶油、糕點和巧克力。甜點的最佳選擇最好是薩佛拉蒂手指餅乾（Savoiardi）、鬆軟蛋糕與其他用麵粉、蛋、糖做成的食品。

乍看之下，會覺得上述的飲食規定不夠靈活，事實上卻不是這樣。每種肉類都可以食用，而且食物的種類、烹飪方法與添加的麵食都可以不斷翻新，保證菜餚的味道更加鮮美，充滿誘惑。假如飯菜不好吃，人們的食欲也會變小，最後也就無法實現身材健美的願望。

啤酒也是不錯的選擇，在沒有啤酒的情況下，可以用波爾多（Bordeaux）紅酒和法國南方紅酒代替。

除沙拉以外，盡量少吃或不吃的所有酸性食品，因爲沙拉利於心臟健康。吃水果時可以加點糖。沐浴時水溫不宜過低。多享受鄉間的清新空氣。在葡萄豐收的季節，多吃葡萄。盡量不要跳舞，避免體能過度消耗。

按照常理，晚上十一點就應該就寢，但特殊情況特殊對待，最好不要在凌晨一點後睡覺。

我們要嚴格按照飲食與作息原則進行，要信心十足，只有這樣才會在短時間內獲得成功：健康與美麗兩者相輔相成，互有所長。我堅信人們很快就會稱讚和感激我。

在把綿羊、牛犢、公牛、家禽、鯉魚、蝦、牡蠣之類的動物養胖時，人們總結出一個結論：只要是能進食的東西都可以長胖，前提是要選用合適的、優質的食物。

XXIII

論齋戒

On fasting

齋戒是一種出於道德上或是宗教性的原因，對食物有了自願性節制的行爲。

儘管這恰巧違背了我們擁有的其中一種自然天性，或甚至和我們最基本的需求相衝突，齋戒仍是我們最偉大的遺風習俗。

齋戒的起源

以下爲作家們解釋齋戒是如何開始的：

他們是這麼告訴我們的，當人們在遭遇喪親之痛時，一個家庭中的父親或母親，甚或備受寵愛的孩子去世時，整個家族都將爲其哀悼：人們悲傷地啼哭，屍體會被妥善清洗過後進行防腐處理，並舉辦符合其社會身分地位的葬禮。在這段時間內，這些遭遇喪親之痛的人們，幾乎不會想到要進食，他們在無意之間便在進行齋戒了

不一而足，在公共災害發生的時候，例如異乎尋常的乾旱、過量的降雨、殘酷的戰爭或瘟疫等，簡而言之，

就是那些人類力量或產業皆難以承受的災禍發生時，人們只能望天興嘆而無以作爲。最後人們只能將他們的悲慘歸罪於他們信仰之神的憤怒。他們在屈辱中降服，於是產生了各種自我克制的變形體。當他們的悲慘生活停止，這讓他們輕易地相信一切都是因爲眼淚和齋戒起了作用，因而繼續仰賴這類效果顯而易見的方式。

無論遭遇到私人或是公共的災禍，人們都將自己沉浸在悲傷之中，無視於任何的食物，自然而然發展成這種自願性節制，也被視作一種宗教性的行爲。人們相信折磨自己的肉身、讓靈魂陷入苦難中，能夠激起神祇的憐憫，所有的種族都有這類想法，於是催生了公開的悼念、起誓、祈禱、獻祭、禁欲以及齋戒等宗教行爲。

終於，耶穌基督來到這世上，將其自我節制的行爲神聖化，而每個基督教派都採納了這樣的節制作爲，並自行加入各種不同的苦行。

過去我們是怎麼實行齋戒的

不得不承認，出乎意外地，齋戒這種習俗已經不再受到人們的關切。但無論是否還能對那些不虔誠的人有啓迪作用、或是可以轉化他們，我依舊很有興致在此告訴大家，在過去的十八世紀中葉我們是如何遵守齋戒的。

平常我們在九點前吃早餐，有麵包、起士、水果，有時候還有冷盤肉或肉醬。

在中午和下午一點左右，我們會用午餐，吃些傳統湯品佐水煮肉，也會衡量當下的情況或我們收入的多寡來加菜。

下午四點時，我們會吃個點心，這一餐會清淡一些，這頓對小朋友或那些以保有兒時習慣爲榮的人們，意義顯得更重大一些。

不過在某些天的這個時段，也可能會有其他精心安排的慶祝活動，通常是在下午五點的時候開始，活動的時間長短不一定，場面通常甚爲歡愉，女士們尤爲熱衷，有時這些活動甚至專爲女士舉辦，而禁止男士參加。我注意到我祕密的回憶錄上，總記錄著這類活動充斥著醜聞散播或是毀謗他人的流言蜚語。

八點左右，我們會享用有主菜、烤肉、小菜、沙拉與甜點的一餐：客人們在玩了一輪牌之後，便上床睡覺去了。

就像現在一樣，那個時候的巴黎，有種更爲講究的晚宴，通常在戲劇演出後舉辦，根據不同的情況會有美麗的名媛、時尚的演員、優雅的交際花、貴族、銀行家、公子哥與才子雅士們參加。

他們談論著最新醜聞，或唱著時興的歌曲；同時也論及政治、文學以及戲劇，不過重頭戲還是彼此的打情罵俏。

現在讓我們來看看我們的祖父輩們在齋戒日時是怎麼做的：

他們完全不吃早餐，也因爲這個緣故，他們會感到比平常更飢餓。在慣常的晚餐時間，他們能如常進食，不過魚和蔬菜會被快速地消化；在下午五點前，他們餓得快昏死了，緊盯著他們的手錶等待著，並無助地抽著菸，以一種特殊的姿態搶救著他們自己的靈魂。

直到晚上八點時，餐點上桌，這時等著他們的卻不是豐盛的晚餐，僅是簡單的便餐，這類餐點可追朔到修道院的僧侶在一天將要結束時，被允許在討論基督教神學家們的事蹟後享受一杯美酒。在食用便餐時，無論是奶油或是蛋，或其他曾經擁有過生命、呼吸過的東西都不能上桌，因此我們的父祖輩只能吃沙拉、蜜餞和水果，勉強讓飢渴的脾胃獲得滿足；然而這些虔誠的人因著對神的愛，在四旬齋時，總會耐心地忍到就寢，再次迎向隔日。對我上述提及的那些人來說，無論是四旬齋或是其他時間，他們享受著簡單的晚餐，而且我確定他們不會因此感到困擾。

在久遠以前的那些時日，最偉大的廚藝成就，即是做出那些既符合宗教規定、又有很賣相的便餐。

科學的發展解決了這個問題，得益於宗教對於汆燙的魚、蔬菜湯與油製糕點的容忍。

嚴格的四旬節儀式提供了人們一種今日我們並不熟知的樂趣，那就是在四旬節的結尾、復活節的第一餐——開齋。

如果我們進一步看這個主題，就可以知道我們的樂趣是建築在這些困難、匱乏，以及我們對困苦境界的嚮往上。這些我們都能從四旬節的開齋輕易見識到。我曾觀察過我的兩個伯公，兩位都十分強壯且頭腦冷靜，爲了復活節的到來，他們看著火腿的切片或者肉派被打碎的酥皮，高興地近乎昏厥了。時至今日，我們已經變成了如此疲弱的民族，再也無法承受這麼強而有力的情感衝擊。

齋戒式微的原因

我自己親歷過齋戒是怎麼式微的，這種氣氛不知不覺地在我們之間蔓延。

在過去，除非已屆某個年齡，否則年輕人不會被強迫要守齋，懷孕或那些自認爲懷孕的婦女，也能因爲她們身體的特殊情況而獲得豁免，並可在四旬齋期間得到豐盛的食物，而其他那些滴酒不能沾的人們，只能每天殷殷期盼晚餐的到來。

人們漸漸地開始說服自己，齋戒會讓他們感到沮喪、頭痛，導致他們難以入眠。他們設法將那些在春天時折磨他們的微小苦難怪罪於節制，症狀像是：皮膚起疹子、暈眩、流鼻水，以及其他提醒人們再次注意到自己的症狀。最後演變爲：當一個人因爲自己生病不舒服，而放棄了齋戒，另一個人起而傚之，第三個人因爲害怕自己也會不舒服，乾脆放棄了。久而久之，每日清晨的齋戒與每晚的便餐，也就越來越少。

不過這還不是全部。在某些冬日，因為出於對蔬菜短缺的恐懼，食物供應商開始抱怨無肉餐點的成本太高，教區的領主於是正式地宣布放寬限制，有些人說神的愉悅不應該建築在他子民的健康損害上，有些憤世嫉俗的人甚至還說，用挨餓來求得上天堂是根本不可能的。

然後，宗教的義務並沒有免去，絕大部分的人們還是會向神職人員尋求破戒的許可，而他們也很少會拒絕要求，不過通常都會改用捐獻來交換肉身免受禁欲苦行。

終於迎來了大革命，我們的心充滿了顧慮和恐懼，再也沒有任何時間或理由去尋求神父的協助，因爲他們有些已經被追捕，無可避免地被其主教兄弟視爲異端。

值得欣喜的是，有些規矩因爲被放寬而不復存在，強而有力的新規矩取代了舊的：我們的用餐時間完全轉變，不僅不像過去祖先們這麼常進食，時間點也大不相同，因此當今的齋戒需要重新規畫。

最真切的是，即使我大多數的朋友都是明理、穩定又相當虔誠的人，我也不相信除了在我自己家中，在過去二十五年裡，我曾有被宴請無肉的餐點或任何一「便餐」超過十次。

很多人也許會發現這種情況頗爲尷尬，不過我知道聖徒保羅已預示到了這種情況，而我可以在他的羽翼下獲得庇護。

不過，如果有誰相信在新秩序底下，人們越來越放縱是相當傻的。

在現今，我們每日的餐點減少了將近一半，爛醉的情況已經消聲匿跡，只有在社會最底層的某些宴席裡才會重新出現。我們再也沒有狂歡，墮落的大醉在哪裡都會被排斥。超過三分之一的巴黎人在吃早餐的時候，不會吃超過以前一頓便餐的量。如果他們當中有誰喜歡享受精緻細膩的美食，並不會因此被責備，因為我們已經證明了每個人都能因這種愉悅而獲益，而不會有什麼壞處。

在結束這章之前，我們要說說一般民眾對於美食品味的新趨勢，每天有成千上萬的人在咖啡店或是劇院中度過他們的夜晚，而四十年前的人們只能上上小酒館而已。

無庸置疑地，這樣的新習慣為我們國家添增了不少收入，從道德的觀點來看是有利無害的。在戲院中，人們的理想性被提高，在咖啡館中，人們每天讀報。也有人選擇逃離以上兩種地方，因為去這些公共的場合，可能會帶來不可避免的爭端以及不適應。

XXIV

論疲憊

On Exhaustion

「疲憊」一詞涵蓋了疲弱、沉重、倦怠等狀態。它源自於之前的環境，進而對身體機能的發揮造成了一定的影響。引發疲憊的罪魁禍首有三個，不過因爲食物的缺乏而導致的疲憊並不包含在內。

一是肌肉過度疲勞，二是用腦過度，三是縱欲過度。這三種疲勞的共同緩解方法就是立即停止引發疲勞的行爲。儘管疲憊不能稱爲病，但是它與疾病僅有一步之遙。

治療

當我們找出原因後，就應該讓美食大展身手了。

針對那些因肌肉用力過度而導致疲憊的人，飲食中不能缺乏營養豐富的湯、味道濃郁純正的葡萄酒、細心烹飪的肉食。當然，充足的睡眠時間也是很有必要的。

而那些因思考時間過長而腦部疲勞的人，飲食中不能少了禽肉與綠色蔬菜，並且應去戶外呼吸新鮮空氣，放鬆大腦，借助游泳讓緊張的肌肉鬆弛下來。接下來，就讓我們用下面的觀察來說明縱欲給人造成的不良影響。

教授的治療方法

有一次，我去探望我的好友婁拜先生，他身體欠佳。我看見他穿著睡衣縮在火爐旁，看起來一副萎靡不振的樣子。

他的狼狽著實讓我驚訝不已：他面無血色，眼神呆滯，嘴唇下垂，下排牙齒全都暴露在空氣中。我只能想到一個詞來形容這副德行——嚇人。

我急切地詢問他爲什麼會突然生病。他吞吞吐吐，如鯁在喉。儘管他不願意讓我知道眞相，但是在我窮追猛打之下，他還是說出了實情。他尷尬地說：「你也知道，我太太常懷疑我不忠，這使得我之前備受折磨。但是最近，她對我比以前好多了，因爲我竭盡全力地向她表明我的忠貞，而且我沒有與其他人發生性關係，於是我就成了如此疲憊不堪的模樣。」我回答道：「你都已經是年過半百的人了，懷疑眞是可怕的毒藥，難道你沒聽過『最毒婦人心』嗎？」我說了很多類似的話，因爲他的話讓我徹底地失控生氣。

我又說道：「如今你的脈象虛弱，而且非常紊亂，你打算怎麼辦？」他回答道：「醫生前腳才剛走而已。他診斷我是神經性發熱，打算用放血的方式爲我治療，並且還讓一名外科醫生為我放血。」

我不由自主地叫道：「外科醫生！小心點，說不定他會要了你的命的！最好別讓他再為你治療了，外科醫生就像殺人兇手一樣。你轉告醫生，我會替你醫治的。你有對醫生說這些症狀是因何引起的嗎？」「唉，他毫不知情，如果我講眞話，那該有多丟臉啊。」「那你再請醫生過來，我會根據你目前的身體情況為你熬制湯藥，現在你先喝這個緩解一下。」說完，我就遞給他一杯糖水，他毫不懷疑地將它喝完了。在此之後，我回到家裡，為他親自熬煮一種特殊的興奮劑。

興奮劑調配好後，我火速前往他家，發現他的症狀有所緩解，臉部漸漸有了血色，眼神也沒有之前呆滯了，不過他的嘴唇依舊向下垂著。不久後，那位醫生也到了。我跟他說了我的治療方案，病人也說出了患病的實情。一開始，醫生皺著眉頭，但是隨即轉為不以為然的眼神，對我朋友說道：「怪不得，以您的身分和地位，我應該想到是此病的，但你也必須要為你的自尊心付出代價。我更要指出的是，你讓我開錯了藥方，差點造成無法挽回的錯誤。」他一邊說一邊向我鞠躬，出於禮貌我也回應了他。他繼續說道：「我的同行，你的做法是正確的。」並對我朋友說：「儘管我還不知道他叫什麼名字，但你就喝他調製的湯藥吧，我相信你的發熱症狀馬上就會消失。我建議你明天早上喝一杯巧克力飲料，切記要在裡面加兩個新鮮的蛋黃。」說完後，他拿起帽子與拐杖向外走去。我們很慶幸他能認識到自己的錯誤。

我立刻爲我朋友調製藥效更好的藥，他將它喝完後還不滿足，想再喝一些，但是我執意讓他過兩個小時後再喝。天色漸晚，在我回家之前，他喝下了我的第二帖湯藥。

第二天，他不再發燒了，身體也很快痊癒了。按照醫囑吃完早飯，他又能繼續投入工作，不過因爲嘴唇的情況比較嚴重，到了第三天才恢復原狀。

一段時間後，這件事弄得人盡皆知，女人們更是七嘴八舌地議論其中的一些細節。有些人羨慕我朋友生命力旺盛，不過大部分人卻很同情他的遭遇，並且對我這位美食家教授表達了讚美之情。

XXV

論死亡
On Death

死亡，即是事物生長、毀滅的定律。

出生、活動、飲食、睡眠、繁衍、死亡是上帝賦予人類的六大基本規律。

死亡是感性關係的結束，是生命活動的停止，最後身軀將腐朽瓦解。

所有的客觀規律都包含著快感，但快感可以使客觀規律的痛苦最小化。自然死亡是在身體經歷了生長、成熟、年老、衰退等特定階段後出現的。

事實上，我應該邀請見解獨特、熟悉人體從生到死變化過程的醫生一同進行寫作，但是本章的篇幅不允許我那麼做。我原本打算採用類似國王、哲學家、文人志士等名人的經典語錄，因爲這些人面對死亡時仍舊積極樂觀，不像動物面臨死亡時只有恐懼。

我記起了方坦耐爾（Fontenelle）去世前的場景了。人們問他都想了些什麼，他回答道：「除了想起我的一生是多麼曲折外，什麼都沒想。」不過我還是希望可以把自己對死亡的看法說出來，我的觀點相對於類比推理，仔細耐心觀察占的比例更大。

我的一位姑婆，享年九十三歲，儘管當時她長年臥病在床，但身體的主要功能並沒有衰竭，只能從食欲變弱、說話聲音變小等跡象，得知她的身體越加衰弱。

她一直對我關懷備至，因此我守護在她身畔，看她是否還有未了的心願。但這一切並沒有影響我從哲學家的角度觀察她，因爲我早就對此習以爲常。

「侄孫兒，是你嗎？」她的聲音有點含糊不清。「是的，姑婆，我一直都在這。我想如果您喝點陳釀葡萄酒，肯定會比現在舒坦。」「遞一只酒杯給我吧，酒總是朝下流的。」我馬上就給她倒了大半杯上等葡萄酒，慢慢地讓她靠坐起來，餵她一口酒。她喝下去後，精神立刻就比之前好了。她目不轉睛地盯著我，這雙眼睛以前是明亮美麗的。她說：「謝謝你守護在我身旁，等你到了我這個年紀，死亡也僅是一個需要，與睡覺沒有任何差異。」

這句話爲她的人生畫上了句點，半個小時後，她就永離人世了。

里奇朗（Richerand）醫生曾針對人臨終前的身體變化做出平實且充滿哲思的描述，換句話說，就是個體消逝的過程。我從他的著作中抄錄了以下段落：

人心智機能的崩潰瓦解是一個循序漸進的過程，具體順序如下：首先喪失的就是理性，理性是人主宰世界的根本因素。第一，臨終者已經無法對事物做出連續的判斷，之後也無法對自己的想法進行比較、蒐集、組合與聯繫，進而各想法之間的關係也都混亂了。在這個時期，我們會說病人喪失理性，整個人虛無縹緲，他們說的話題是自己最熟悉的事，所以從他的言語中我們可以知道他們最感興趣的事情是什麼。守財奴會開誠布公地說出自己的錢財都放在哪裡，有的人還會因為宗教的束縛而憂傷，進而失去生命。回憶家中過往種種後，他們將所有美好或者苦難的事集於一身，讓靈魂在九霄之外重新聚集起來。

當理性與判斷力瓦解過後，接下來就是昏厥了，即連接思維的能力逐漸變弱，我就親身體會過這種感受。一次，我與朋友聊天時，突然覺得思緒無法繼續，並且對於這種狀態無能為力。那時候我的大腦就像一張白紙，沒有任何想法了。當時我應該是昏過去了，但並不是深度昏迷，因為依舊有記憶和感覺，我能夠依稀聽見周遭的人在說「他暈倒了」。我心知肚明他們是怎樣救治我的，這個感覺並沒有那麼難熬。

接下來就輪到記憶力了。臨終的人在精神飄渺時，仍舊能知道床邊的人是誰，不過這個階段結束後他們就會神智不清了，看著身邊的親人，他們會一臉茫然。最後，他們沒有了感覺。感覺的消失也是有順序可循的：首先消失的是味覺和嗅覺，接著眼睛像是蒙上了一層白霧，從他的眼裡你可以看到恐懼，他的耳朵依舊能夠工作（這可以用來解釋為什麼古時候人們為了確定一個人是否去世了，會對著那個人的耳朵大聲說話）。當臨終者的嗅覺、味覺、視覺、聽覺都不復存在後，觸覺卻依舊沒有消失，那個時候他會在病床上不斷地抽搐，竭盡全力伸展，不停地變換躺姿，跟胎兒在母親子宮裡不停地活動完全相同。死神會給他們致命的一擊，但是他們的表情卻沒有任何恐慌，因為他的意識已經消失不見了，他就像出生時那樣悄無聲息地終結了自己的生命。

（里奇朗，《生命學新要素》（NOUVEAUX ELÉMENT DE PHYSIOLOGIE），第九版，第二卷，第六百頁）

XXVI

廚房裏的哲學史

Philosophical History Of Cooking

烹飪這個行業有著悠久的歷史。亞當是餓著肚子出生的；新生的嬰兒，只要母親給他們餵奶，他們就會停止哭泣。

烹飪的發展早於人類文明發展，因爲烹飪的需要，我們掌握了火的運用，從而讓人類征服了大自然。假如我們將自己的視野再拓寬一點，就會發現有三大領域得益於烹飪：

第一，專業食品加工，它依舊被稱爲「烹飪」；第二，專業食品成分研究分析，這個工作也被稱爲「化學」；第三，此工作名爲「康復烹飪」，也是大家熟知的「藥劑學」。儘管這些工作的內容差異很大，但並不代表它們沒有共同點：火、火爐都是這三者必不可少的東西，它們挑選的容器很多都是一樣的。

對於同一塊牛肉，廚師的任務是把它烹調成肉湯；化學家的任務是分析其中的成分；而藥劑師的主要任務是當肉使我們消化不良，他要想方設法讓我們消化它。

進化的營養源

人可歸類於雜食性動物，啃水果時就用門牙，咀嚼糧食時就用臼齒，吃肉類時用犬齒。有人說，人的犬齒與他身上殘留的獸性是成正比的，即犬齒越強壯，獸性就越強。

早期人類食果，這一點與靈長類動物無異，並且幾乎都是依賴果實來延續生命。因爲在靈長類動物中，人是最遲鈍的，赤手空拳使他們的攻擊力不強。

但追求完美的天性讓人類有了長足的進步。他們能夠意識到自己的缺陷，激發自我保護的決心；除此之外，人類體內肉食動物的本性也發揮了作用，犬齒就是人類具有肉食動物特徵的證明。自從人類懂得武裝自己後，就開始不斷地捕殺周邊的動物，從牠們的身上獲取自己所需要的營養。

人一直都存在著破壞的天性：小孩子會玩弄那些他們發現的小動物，假如饑餓感強烈的話，還會把牠們作爲食物吃掉。

人類從肉食中汲取營養也是司空見慣的事：人的胃很小，而且植物果實中的營養不夠充足，因此人類消耗的體力無法迅速恢復；人類食用蔬菜以來，營養情況大有改觀。不過這種食物從欠缺走向完善卻歷經了幾個世紀。

人類剛開始是用樹枝作爲武器，後來不斷改良，於是產生了弓箭。

值得強調的是，人類並沒有因爲生存環境的不同而改變使用弓箭這一傳統。我們很難對此進行闡述。儘管大家不知道爲何身處不同環境想法卻爲一致，不過歷史疑惑的背後自然有其存在的必然性，這一點是毋庸置疑的。

生肉除了有黏牙這一缺陷以外，味道還是很美味的。在生肉上撒上一點鹽，它就更好消化了，並且營養價值絕對比那些加工過的肉要高。

一八一五年，一位克羅埃西亞騎兵團的上尉跟我一同用餐時說：「我們大可不必弄這些複雜的菜餚，享受美味其實是很簡單的。我們打仗時，只要饑餓就會捕殺野獸，在生肉上撒鹽（鹽都放在我們的馬刀掛套裡），接著就把肉放在馬鞍與馬背中間的空隙，騎馬跑一會兒，就能盡情地享受這道美味了。」他歷歷如繪地說著。

每年的九月，都是多菲內（Dauphine）人外出打獵的時間，鹽與胡椒粉是每個人的必備之物。當他們獵到鷸後，便將牠去毛，用佐料將牠們醃製好，放進帽子裡，戴在頭上，過一會兒就可以吃了。他們說用這種方法製作的鳥肉，與烤鳥肉相比，有過之而無不及。

除此之外，如今，我們依舊保留著祖先傳承下來吃生肉的傳統。用生肉製作的美食，最赫赫有名的非阿爾（Arles）與波隆（Bologna）的香腸、漢堡燻牛肉、鳳尾魚乾、鹹鯡魚莫屬了。儘管這些食物是生的，但是它鮮美的味道卻是眾所周知。

火的發現

人類在發現火之前，一直都像克羅埃西亞人那樣，滿足於吃生肉的狀況。火的發現純屬偶然，因爲自然界中很少能看見火自燃。打個比方，馬里亞納群島（Mariana Islands）的原住民從來不知道火爲何物。

烘烤

從人們運用火的方式來看，可以證明人類追求完美的天性。他們用火將肉烤乾，並且用燒過的木炭將肉烤熟，這是烹飪最初的形式。

人們覺得烤過的肉比生肉好吃多了。跟生肉相比，它們更易咀嚼，而且烤焦的肉香質使熟肉散發出一股香味，這種香味直到現在人們都還是很喜歡。

不過，過了一段時間後，因爲無法將沾在肉上的木炭粉處理掉，人們發現直接將肉放在炭火的灰燼中燒烤，會使肉變得很髒，爲了彌補這個缺陷，人們想出了應對措施，用棍子穿過肉後，再將它放到炭火上烤，並用石頭撐住棍子的兩端。於是一種方便卻相當別致的烹飪方法——燒烤就出現了。因爲這樣獨特的方法，所以烤肉的香味也非同凡響。

從荷馬（Homer）時代到現在，燒烤沒有太大的變化。在那個時代或者更早之前，沒有詩歌與音樂，就沒有宴會之樂一詞。人們愛戴的吟唱詩人扮演的就是日後傳教士的角色，他們詠唱大自然的奇蹟、眾神的呵護、英雄的成就。當你遇到了一位談吐優雅、土生土長的荷馬人，極有可能他家中就有人是從事這一神聖的工作的，因爲只有他在年幼的時候受過這種詩歌的薰陶，才能在日後創作出優美的作品。

達西耶夫人（Madame Dacier）說，《荷馬史詩》中見不到「煮」這個字。那時的希伯來人因爲在埃及待過一段時間，他們有專門可以放在火上的鍋子，這算是技高一籌了。雅各的哥哥從他們那裡以昂貴價格買來的湯，就是用那種鍋烹煮而成的。

想知道前人是依靠什麼才有辦法加工金屬？這是一件很難的事，傳聞創辦這個行業的是土八該隱。

根據現在的技術，當我們加工金屬時，也不能少了其他的金屬工具。鐵鉗可以將金屬夾住，鐵錘可以製作出它的形狀，鐵銼可以增加它的鋒利度。不過到目前爲止，沒有誰知道第一把鐵鉗與第一把錘子的製造方法。

希臘人的東方式宴會

烹飪技藝在青銅或陶瓷材質的耐火容器問世後，得到了長足的發展。因爲那時不僅有相當多的肉類輔助調味料，而且蔬菜也可以拿來烹飪。因此，鮮美的肉湯、香精、果凍之類的食物問世了。在那之後，新食品源源不斷地被製作出來，彌補了之前的不足。

如今，在最古老的書籍中，你依舊可以找到描述東方國王盛宴的文章，並且都是讚美之詞。這很容易解釋：他們是這個富裕的國家的統治者，地大物博，豪華盛宴上必不可少的香料、佐料更是品種齊全。不過文章中並沒有深入闡述，我們唯一能獲得的資訊，就是將文字傳入希臘的卡德摩斯（Cadmus），以前是西頓城國王的廚師。

靠在餐桌旁吃喝的風俗，就是源於這些渴求安逸的東方民族。淳樸的民族對此都提出了異議。不過雅典人並不反對，而且將它發展成了文明世界中應有的景象。

雅典是十分重視烹飪的國家，雅典人也很享受它所帶來的樂趣，不過在這個高貴別致的國家裡，這是不足爲奇的。國王、富人、詩人、學者是時尚的引導者，哪怕是哲學家，面對大自然的養育，他也不會婉言拒絕。

根據古代著作，我們不難得知那時的宴會是非常豪華的。他們的美味來源是漁獵與貿易活動，有些美味至今仍很受青睞。因爲供不應求，所以那些美味也價格不菲。他們的餐桌由烹飪藝術品點綴，並有鬆軟厚實的長沙發可供客人倚靠。他們還思考了如何提升品嘗佳餚的興致，所以席間交談也是極其重要的。

按照習慣，當第三道菜上來時，人們就會一展歌喉，不過現在人們比古時隨意多了。古時候人們歌唱的主題是歌頌眾神與英雄，又或者是慶賀豐功偉業，偶爾也會出現友誼、快樂、愛情等內容，而且他們優雅別致的風格跟今天相去甚遠。而就算是以今天的評判標準來評價古希臘的葡萄酒，得到的也肯定是讚美之詞。那時品酒家根據酒勁將葡萄酒畫分了級別，有些宴會是每種等級的酒都會被端上來的。與今日截然相反的是，古希臘人飲酒時，酒杯的大小是與酒勁成正比。

美女也是豪華宴會上的一大亮點。人們跳舞、玩牌與進行其他各種娛樂，不經意間就玩樂到了深夜，身體的每個細胞都蘊含著愉悅。大部分人剛來的時候暢談自己的宏圖大志，可是走的時候卻開始沉迷於享樂的魅力，不能自拔。

學者們迫不及待地著書立言，並對這些給他們帶來歡樂的藝術進行更深的研究。柏拉圖（Plato）、阿特納奧斯（Athenaeus）等人就寫過此類型的著作，不過遺憾的是這些著作並沒有流傳下來。其中最讓我們心疼的就屬伯里克里斯（Pericles）之子的好友——阿奇斯特拉迪斯（Archestrades）的著作《美食》（*Gastronomy*）了。

西奧多羅斯（Theodorus of Cyrene）曾經這樣說：「這位卓越的作家，爲了得到可靠的資料而環遊世界。途中，他不太關心各地的民風民俗，因爲那些是不能溝通的，而將焦點放到了各地菜餚的製作過程上。所以他總是會到廚房裡親自觀察，並將各種菜餚的製作方法記錄下來。他的詩就像是科學的百寶箱，每一句都是金玉良言。」

上述內容就是希臘烹飪藝術的整體架構，直到希臘人被興起於台伯河（Tiberis）

畔的拉丁人打敗後，它的時代才宣告結束。

羅馬人的宴會

假如羅馬人是出於獨立的目的而打仗，或者為了享受征服周邊國家的快感，他們肯定會對美食一無所知。他們名義上的將軍，其實都是農民，平時僅吃蔬菜。那個時代對那些崇尚素食養生的學者來說，肯定是無可挑剔的。在那個時代裡，勤儉樸素是社會的風氣，是一種被弘揚的美德。不過當羅馬將勢力範圍延伸到了非洲、西西里島與希臘本土時，戰敗者盛情邀請了羅馬人。跟那些被占領的國家相比，羅馬的文明程度簡直不值一提。羅馬人把這些國家的美食帶回了自己的國家，受到了本地人民的青睞。

羅馬人安排代表團去雅典學習，於是有了梭倫（Solon）的法律；接著進一步去學習雅典的哲學與文學；他們甚至還去學習了宴會的藝術，而這只是為優雅的生活做準備。當他們學成歸來時，除了有演說家、哲學家、修辭家、詩人，更重要的是還有廚師。

伴隨著戰爭的勝利，羅馬成為了全世界的財富中心，而羅馬餐桌上的奢華更是出乎我們的意料。

鴕鳥、蟬、睡鼠、野豬，各種野味應有盡有，他們幾乎都品嘗過。他們嘗試著製作出各種提味的醬汁，而且令人匪夷所思的是阿魏酸（ferulic acid）、芸香素（rutin）等的實用技術都被他們所掌握。

爲羅馬所熟知的各個國家，都必須向羅馬進貢，羅馬軍隊和探險隊將松露與珍珠雞等從非洲引進到本土，也引入了西班牙的兔子、希臘的野雞，甚至從亞洲的最遠處帶回了孔雀。

羅馬有錢人最引以爲豪的就是他們自家的花園，花園裡不僅有梨、無花果、葡萄等人盡皆知的水果，還有許多從國外引進的新品種，像亞美尼亞杏、伊達山谷的草莓，甚至在羅馬的盧庫勒斯（Lucullus）戰勝本都王國後引入櫻桃。這些生長在不同地方的水果齊聚義大利，這也意味著各地人民爲了討好羅馬帝國，毫不吝嗇地或者是出於義務地向羅馬提供貢品。

在那麼多的食物中，魚類有著舉足輕重的地位。人們最鍾愛的魚類多是深海捕撈上來的。從遠海捕撈的魚類以蜜罐裝著養活，假如通過了抽樣檢驗的話，牠們就會被高價賣出，並且總是供不應求，所以有些人甚至比國王更有錢。

與食物相比，人們也渴求著飲品。羅馬人對希臘、西西里與義大利的葡萄酒更是情有獨鍾。因爲儲藏的時間與原產地都不同，所以酒的價格也有差異，因此每一個酒瓶上都有酒的年份，以此來證明。

啊！高貴的酒罐呀，早在曼利烏斯執政的時候，你就與我同在了。

——賀拉斯（Quintus Horatius Flaccus）

這還只是一部分。人們天性就愛追求完美，於是人們不停尋找更高品質的葡萄酒。香料、花香素和許多藥材因此成了試驗品。這些調製的方法都被一個名叫康狄塔（Condita）的作家團體給記錄下來，味覺與胃對這些方法調製出來的酒特別敏感。

高貴的擺飾與裝飾品可以與他們的飲食奢華程度相媲美。盤子、家具、碟子等在上等材料和精湛工藝的配合下應運而生。宴會中的菜漸漸地不少於二十道，並且每上一道菜的時候都要換一套乾淨的餐具。

宴會上的每個活動都會有奴隸侍奉，這些活動各有千秋。整個宴會廳中都瀰漫著名貴香料的香氣。通報者的主要任務就是向人們介紹比較重要的菜，而且如果有比較有特色、值得讚揚的菜色，他就會機械地用準備好的言辭來介紹。總而言之，爲了增進食欲、保持關注，人們可謂費盡心思，絞盡腦汁。

嚴格來說，這種奢華已經偏離了正軌。有的宴會食用的鳥和魚類甚至有幾千隻；有些菜餚除了價格不菲外已經找不出其他的價值，比如有些菜的主要食材就是五百個鴕鳥腦與五千多條鳥舌。

上述事實也可以看作是盧庫勒斯膳食昂貴的原因，並且也是在阿波羅神廟赫赫有名且奢華的宴會中，人們絞盡腦汁尋覓各種方法來滿足客人需求的原因。

倘若盧庫勒斯復活

以前的奢華場景毫無疑問地可以再次重現在我們眼前，唯一遺憾的就是沒有盧庫勒斯。我們可以這樣想，假如一個家財萬貫的人為了經濟或政治目的而舉辦奢華的宴會，我想錢是他最不在乎的東西了。

不難推想的是，他會竭盡所能地利用每一種藝術，使宴會場所看來更加高尚；他會囑咐廚師們一定要盡出絕活，還會命令酒窖管理員拿出上等的好酒供客人飲用。

在這個隆重的宴會上，必定請來最著名的演員來取悅客人。宴會中，赫赫有名的音樂藝人都在此表演聲樂或者演奏樂器。在正餐結束後，喝咖啡的時間尚未開始前，他會邀請歌劇中扮演小仙女的女士跳一支芭蕾。

舞蹈帶動了宴會的氣氛，達到了高潮，二百多名漂亮的女士與談吐不凡的紳士們任意地組合，等於有四百多名舞伴。餐具櫃裡有享之不盡的冷飲與熱飲。午夜時分，為了讓人們保持精力充沛，於是又呈上一次富有營養的小吃。侍者們的聰穎機靈恰到好處，室內開闊明亮。而最讓人無可挑剔的是：主人不僅會去客人家裡接他們到宴會會場，而且還會將他們從宴會會場送回去。

從宴會準備的有條不紊、服務無可挑剔的角度來看，這樣的宴會絕對會令古今的美食家都讚不絕口，就算是特洛伊王子帕里斯（Paris）也不例外。盧庫勒斯的廚師如果知道了這一切，也會甘拜下風。

假若今日的宴會要與當年羅馬的奢華盛宴相比，首先就應符合上文的那些條件。除此之外，我還得向讀者強調，宴會的裝飾與氛圍是不容小覷的，像小丑、歌手、默劇、弄臣等，都是讓客人開心的方式，而娛樂是客人參加宴會時永不改變的期待。

人的所有行爲都源於本能，無論是希臘人、羅馬人還是我們中世紀的祖先，抑或是我們自己都是，從來不滿足於現今的生活，希望人生可以有所突破。

羅馬人有著與雅典人一樣的習慣，就是斜倚著身體吃飯。不過羅馬人養成這一習慣有個循序漸進的過程。

最開始的時候，只有在祭祀的宴會上才有羅馬軟床，接著達官貴族先開始使用，慢慢地全羅馬人民都養成了這一習慣，一直到四世紀初基督教時代才漸漸消失。

最原始的軟床就是在凳子上簡易地鋪上一些乾草、墊上一些獸皮就成了。之後，在其他宴會設備的影響下，它們也變得精緻華貴了。這些高貴的軟床是用最珍貴的木材製作而成，上面點綴著黃金、象牙與寶石，墊子上也有精美的刺繡，舒適輕便。

如此的長沙發可以容納三個人，並且他們可以側躺，用手肘支撐身體就行。

究竟是羅馬人的斜倚而臥舒服，還是現代用餐時的坐姿舒服？我的答案是後者。

從身體層面上來說，側臥對人體的體能要求較高，因爲身體需要維持平衡；並且時間過長的話，胳膊就會因承受不住身體的重量而感到不適。

生理學家也說出了自己的觀點：在這種姿勢下，消化吸收的難度增加，食物會在腸胃中滯留，更甚者還會腸胃不適。

最難的莫過於喝酒，喝酒時要提高警覺，免得酒水從酒杯中灑出來，弄髒了名貴的餐桌，這也是爲什麼側臥進餐的那個年代會有如此的俗語：「酒杯與嘴唇之間是存在距離的。」

側臥進餐也是不衛生的，眾所皆知，那個年代許多男士都有很長的鬍鬚。他們先用手，然後再用刀將食物送進嘴裡，因爲在那之後才發明了叉子。我們在赫庫蘭尼姆古城（Herculaneum）的遺址中找到了勺子，不過卻沒有找到任何叉子的蹤影。

除此之外，這種姿勢會使人們將自己的尊嚴拋諸腦後。特別是男女同在一張軟床上進食時往往難以克制情感，進而做出違背常理的事。實際上，也是出於道德的目的，人們才開始反對這種側臥進食的方式。

在之前的血腥戰爭中，天主教倖免於難，之後得到了長足的發展，影響也不斷擴大，於是該宗教的神父就提倡人們應放棄這種紙醉金迷、毫無節制的生活。首當其衝的就是用餐時間過久，畢竟人們的放蕩不羈、肆意享樂與他們的箴言相矛盾。因爲他們主張無欲無求，所以他們認爲美食也是罪惡的來源之一。

除此之外，禁止男女獨處，特別是強烈反對側臥進餐的這一習慣，因爲它是可怕而軟弱的表現。

迫於教會的壓力，人們不再延續此一習慣。餐廳裡已經見不到軟床的身影，人們重新回歸坐姿進餐，並且進餐的時候也不再放縱享樂，充饑成了進餐的唯一目的。

詩歌

這段時間也成了宴飲詩的轉捩點。在賀拉斯、提布魯斯（Tibullus）等人的詩中，我們感受到憂鬱頹廢，這一點與希臘詩人的創作截然相反：

美麗的女士呀
我沉醉在妳優雅的笑容
和妳動聽的說話聲
——賀拉斯

莉斯比亞
我需要吻妳多少次

才會使自己的愛欲得到滿足
——卡圖盧斯（Gaius Valerius Catullus）

美麗女士滿頭秀髮
是那金黃色的波浪
她的頸項白嫩修長
還有那迷人的手臂
——加盧斯（Gallus）

蠻族入侵

我們已介紹了烹飪史上最著名的時代以及赫赫有名的人物。

不過在北方日爾曼人入侵、或者該說他們的時代到來後，所有的事情開始脫離原先的軌道。往日的榮耀已經被徹底地顛覆，取而代之的是遙遙無期的黑暗時代。

隨著蠻族入侵，烹飪藝術與交往、安慰的學問都不復存在了。

大部分的廚師在主人的宮殿中丟掉了性命；有的廚師滿腔愛國熱情，遠赴他鄉；爲新主人奉獻的廚師少之又少，但沒過多久，他們就發現自己的選擇不正確，新主人對他們的廚藝簡直嗤之以鼻。這些蠻族有著粗俗的味覺，腸胃就像是皮革一般，所以他們不懂得精美細膩的食品爲何物，也無法感同身受。對他們來說，最具誘惑力的莫過於牛或鹿的腰腿肉，以及大量的烈酒。並且這些野蠻人武器從不離身，所以他們往往不會有條不紊地吃飯，在餐廳中出現打鬥流血的場面也是再正常不過的。

所有的事物都要遵循盛極必衰的規律。那些掠奪者身上的野蠻氣息漸漸退去，取而代之的是文明的氣息。因爲長時間與被征服者相處及共同生活，受到了他們的影響，與此同時，他們也發現了社交生活的魅力。

從他們平時的飲食就可以看出他們的改變，主人宴請賓客也不再只是爲了充饑，他們發現了精神上的快樂也很重要。他們在優雅的享受之中變得活力四射，宴請賓客時也融入了更多的人性化因素。這些改變距今已經有一千五百多年的歷史，在查理曼（Charlemagne）時期更獲得了飛速的進展。透過法典我們可以了解到，這位卓越的君主爲了使他的宴會保持奢華，可謂使盡了渾身解數。

宴會活動受到了查理曼與他繼承人的影響，更加具有騎士氣息。宮殿因爲女人們的高貴氣質而更加金碧輝煌，這也是讚揚騎士精神的表現。達官貴族可以看到，迎面而來的是身著金色服裝的男僕與甜美可愛的女傭，他們端著金爪野雞和長尾孔雀。

不難想像的是，希臘時代、羅馬時代和法蘭克時代，是女人們從飯不同席過度到登堂助興的三個時代。當然鄂圖曼土耳其帝國（Ottoman Turks）被排除在外，他們從來都不讓女性拋頭露面。但是這個另類的民族迎來的是無法扭轉的局面，沒過多久，土耳其宮女就在震耳的大砲聲中獲得了自由。

婦女運動從爆發的那一天開始，經歷了世世代代的累積和醞釀，直到如今，它的社會力量已經不容忽視了。

包括上流社會在內的女性都認爲自己扮演的是家庭主婦的角色，她們時刻爲宴會做準備，邀請賓客，直到十七世紀，這種現象都存在著。

食物在她們的纖纖玉手下奇蹟般的改變了：鰻魚搭配蛇舌、野兔搭配貓耳，還有其他各種形形色色的菜餚都出現在餐桌上。她們在威尼斯人從東方和阿拉伯帶回來的香料與香精中獲得了靈感，拓展自己的烹飪技術。比如說，她們利用玫瑰水來熬煮魚肉。菜餚種類的多樣化是奢華宴會的必備條件。之後甚至連國王都意識到了這種奢華已經偏離了正軌，所以祭出許多法律對其進行約束。不過這些法規最後都落得了和希臘、羅馬的相關法規同樣的下場：被嘲諷、逃避和視而不見。它們都只是以歷史文獻的名義留存在法律典籍中。

人們依舊肆無忌憚地享用著美食，像修道院、修女院這些地方更是如此。原因很簡單，儘管國內戰亂不斷，但是並沒有危及到這些地方財富的聚斂。

法國婦女或多或少會幫忙廚房事宜，所以我們絕對可以將她們看作是法國烹飪舉世聞名的功臣。法國烹飪的亮點就是菜餚精緻、輕巧、美味，剛好與女性的思維相得益彰。

我說過人們喜歡投入全部身心到美味中，不過實際上很多時候都無法如此，甚至連國王的晚餐都沒有保障。比如說內戰的時候，國王休息時總是餓著肚子。有一天，亨利四世邀請一位有錢人同他共進晚餐，值得慶幸的是那位有錢人帶來一隻火雞，否則，國王的餐桌上就連半道葷菜也沒有了。

不僅如此，烹飪技藝自身也日臻完善。十字軍將亞實基倫（Ashkelon）平原的青蔥帶回了祖國，義大利的歐芹也被引入；香腸製作者以豬肉爲契機，研發出了新類別，而這一切都成了烹飪技藝長足進步的基礎。

麵包師父的作用也不容小覷，他們的創作在每個宴會場合都可以見到。在查理九世執政初期，他們就與國王建立了合作關係，而且國王給予了他們一些不違背法規的特權，比如說聖餐中的聖餅就是他們負責制作的。

荷蘭人在十七世紀中葉時將咖啡帶進了歐洲。一六六〇年，土耳其帝國蘇丹蘇萊曼·阿迦（Soliman Aga）使前人第一次知道咖啡爲何物，他因此成了最受大家敬重的人。直到一六七〇年，一個美國人才在聖日爾曼市場開始銷售咖啡。聖安德雷藝術大街是第一個開有咖啡店的地方，這家咖啡店以鏡子與大理石桌爲主要的裝飾，與如今咖啡店的風格大同小異。

在那個時期，一同被引進的還有糖。斯卡隆（Scarron）曾在一篇文章中描寫他妹妹的「吝嗇鬼行爲」——她將裝糖的調味瓶蓋上的洞改小了。這也說明那個時候糖作爲調味料已經相當普及了。

白蘭地也是在十七世紀時問世的。東征的十字軍讓人們知道了蒸餾的意義，但是只有幾個專家掌握到其中的技術。蒸餾器在路易十四初期成了常見的物品，不過白蘭地成爲普通飲品是在路易十五時期。當人們掌握提取酒精的技術後，對它進行了不計其數的實驗，卻都以失敗告終，直到很久之後，才在一次實驗中獲得了成功。

最後，菸草也是在那個時代一併引入的。所以，糖、咖啡、白蘭地、菸草這四種物品，無論是從商業角度還是稅收角度來看，都有著舉足輕重的作用，儘管這樣的作用僅持續了兩個世紀。

路易十四和路易十五時期

路易十四在如此幸運的時代開始執政。在他當權期間，儘管其他藝術並沒有得到全面的發展，但是宴會藝術卻有了長遠的進步。

直到現在，那時候的節日與馬上比武大會的場景依舊留存於人們的腦海中。當時歐洲所有騎士都整裝待發，齊聚在法國，聲勢浩大。

但是這種盛會的榮耀只是曇花一現，因爲騎士的時代即將過去，取而代之的是刺刀與大砲爲王的嶄新時代。

在慶祝節日時，盛會上的人們是最興奮的，因爲人的天性就是如此，在饑餓感沒有得到緩解之前，他們沒有快樂可言。這也可以用來解釋爲何我們將「完美」和「有品味」兩個詞相提並論。

人們注重宴會，進而使那些準備宴會的人也備受關注。這不足爲奇，因爲這些人需要具備創造性、組織能力、美感、仔細嚴謹的態度與毫不失誤的即時性等能力。

男士的緊身長上衣也是在這個時期登場的。這項發明融入了建築與繪畫的藝術，舒適好看，讓人得到視覺上的享受；有的時候，它能夠與節日的氣氛和英雄的氣質相得益彰。

那時，廚師們對節日更有巨大的貢獻，但是之後的節日盛宴便朝小巧精緻發展，而這又等於對廚師們提出了精益求精、重視擺飾與細節的新要求。

廚師們身兼藝術家，他們爲皇家與高官富賈們的宴會提供便利，憑著他們自己的才華和努力，以及令人讚賞的競爭態度，開拓了新環境。

在路易十四執政的後期，技藝高超的廚師都會被赫赫有名的人雇用，形成兩兩搭配的組合。而這些人也樂於提及自己與廚師的關係。

這樣的組合使得兩個人都聲名遠播。現在食譜上的每一道名菜，都有它的支持者、創造者或者是宣傳者的名字，而許多名人都出現於其中。

如今，這種組合已經銷聲匿跡了。但是我們與我們的前輩一樣，依舊很在乎美食，只不過我們已不再對美食的製作者追根溯源了。對於這些讓我們味覺得到享受的創造者，我們只會機械性地讚美幾句，再無其他。

全世界的每個國家都需要餐廳老闆提供菜餚，當他們聽到這些溢美之詞，感覺自己變成了億萬富翁，這就是讚美的魅力。

爲了滿足路易十四的需要，人們從地中海東岸引進了梨（Bonne Poire），在他年邁的時候又創造了幾種新飲料。

路易十四經常覺得疲憊不堪，其實在六十歲過後，出現這種渾身乏力的症狀是不足爲奇的。所以他將糖和甜味劑加入白蘭地，其效果就像我們熟知的強心劑。如果要討論調酒藝術的起源，就應該從那時候說起。

值得強調的是，這一時期，英國宮廷的烹飪藝術也有長足的進步。安妮女王（Queen Anne）是一位美食愛好者，她有什麼不明白的問題就會請教廚師，親自參與他們的研究。在英國食譜中，很多菜餚上都附有「安妮女王風格」這幾個字。

曼特農夫人 (Madame de Maintenon) 是路易十四的第二任妻子，正當她春風得意時，法國藝術卻停下了腳步，直到攝政王統治時期，藝術才又恢復欣欣向榮的景象。

作爲王子的奧爾良公爵，睿智和藹，總是與人們一同用餐。他們所享用的菜餚，都是以傳統作爲基礎發明出來的。我可以毫不猶豫地說，這些菜餚配上好吃的醬料，使它魅力十足。比如吃水手魚時，會讓你產生一種魚是剛剛從水中捕撈上來的錯覺；而在松露的幫助下，火雞成爲了無與倫比的美食。

松露火雞這道菜從出現以後就名揚千里，價格昂貴，所有的美食家都對它讚不絕口。

路易十五執政的時候，餐飲藝術一如既往地繁榮。和平統一持續了十八年，在此期間，不僅彌補了戰爭所帶來的巨大損失，並且工、農、商各類產業蓬勃發展。社會各階層的貧富差距縮小，宴會享樂成爲當時的潮流。在這一時代的初期，宴會更加注重規矩、禮節與高雅。不過對這種雅緻的窮盡追求已經偏離了正軌，變成了浮誇。人們爲了跟上時代的腳步，甚至連情婦和精神病院都會不惜高價雇用廚師一展手藝。

人們給廚師各種方便，只希望廚師能做出美味又營養的食物。他們供給廚師們的原料有鹿肉、野味、家畜和魚。在路易十六統治時期，廚師利用這些原料可以輕而易舉地做出六十個人的飯菜。

不過這些人並不是那麼好敷衍的，除非刻意開口，否則在一般情況下，他們的嘴唇都緊閉著。女人也不是那麼好搪塞的，有時候竭盡全力都無法讓她們的胃運作，或者重新燃起她們對食物的渴望。總而言之，這項工作迫使廚師增長新的智慧與理解力。不僅如此，他們還要刻苦勤奮地工作，烹飪與無窮大的幾何研究難題相比，是有過之而無不及的。

路易十六

我們在這裡就不再重複囉嗦路易十六時期與大革命時代社會變化的具體情況，因爲我們都親身經歷過。在此，我們可以大致了解一下，以一七七四年作爲起點到現在，宴會藝術領域的各種變化和進步。

產生進步的原因有很多，比如說藝術自身的發展，或者是與此相關的社會習俗和社會制度。儘管這兩個原因是辯證統一、相輔相成、無法畫分界限的，不過爲了解釋清楚，我們必須將它們分而言之。

藝術發展

只要是與食品銷售和製作相關的行業，工作人員只會增多，不會減少。像廚師、宴會承辦人、糖果製造商、糕點師父、食品供應商等都是。人數的與日俱增說明了需求也在不斷地增長，所以從事這些工作的人並沒有因爲人數增長而導致收入下降。

物理和化學的知識融入了餐飲藝術當中，赫赫有名的科學家也竭盡全力地利用自己的智慧解決人們的最大需求，也就是飲食。他們獲得的突破是接二連三的，小至普通群眾喝的肉湯，大到用水晶或金制容器裝的色澤明亮的肉汁。

新的職業也不斷產生，比如說，專門製作小甜餅的糕點師，就是從普通糕點師父和糖果製造商衍生的。這一行業的經營範圍包括餅乾、蛋白杏仁霜、花式蛋糕，還有專門爲鍾愛甜食的人準備的，含有奶油、糖、雞蛋、麵粉的小糕點。

食品儲藏也以新職業的名義從其他行業中分離出來。所以無論何時，我們都可以買到每個季節的食物。園藝學也得到了長足的發展。熱帶水果在溫室裡茁壯成長，各種新的蔬果都被我們引進並且種植，比如美味的甜瓜。新鮮蔬果的問世使得那個遵循諺語的舊時代宣告結束。

各式葡萄酒在宴會上都有各自的用途：想要開胃就喝馬德拉酒；吃主菜的時候可以喝上幾杯法國葡萄酒；宴會高潮時喝幾杯非洲與西班牙葡萄酒。

法國烹飪的菜色也包含外國菜，比如英國咖哩、烤牛肉等，也有像魚子醬、醬油等調味品，除此之外還有賓治酒、尼格斯酒等等。

吃完早餐後，人們都會喝上一杯咖啡以緩解疲勞。之後又因此創造出形形色色的器皿、加工工具，以及衍生商品。所以外國人在巴黎看到這些餐具時，會好奇它們的名字，但又羞於詢問它們的作用。

透過上述文字，我們不難得知的是，儘管飯前、飯後與吃飯的各種禮節都在不斷變遷，不過最亙古不變的主題就是要讓進食者得到充分的享受。

最新完善

「美食」這個詞語最早出現在希臘語中。法國人覺得這個詞朗朗上口，儘管並沒有眞正理解這個詞最深層的含義，不過將它讀出來的那一剎那，人們臉上都會洋溢著笑容。

漸漸地，我們不再將美食主義與貪婪、貪吃相提並論。如今人們覺得美食主義是一件不足爲奇的事，並不會遭受到人們的諷刺。它反應了社交品味，東道主對客人的盛情款待，客人的獲益良多，也推動了藝術的發展。跟其他藝術類別一樣，美食家也找到了自己情有獨鍾的研究領域。

宴會藝術影響了社會的每個階層，人們舉辦著不同的宴會。每位主人都竭盡所能將自己在其他宴會上見到或品嘗到的精緻菜餚，再次呈現於自己的貴賓眼前。

當這種特殊的需要得到滿足後，我們又會全心地投入到其他的聚會當中，於是我們的時間就被安排得更加妥當了。從日出到日落，我們因爲工作忙碌著，除此之外的時間，我們就會從宴會尋找歡樂，以及酒足飯飽所帶來的愉悅。

早餐已經是一個既定的習慣，它有自己獨特的魅力，主要包括菜餚的搭配獨到，女士能隨意穿著，並且可以在這種場合享受到獨一無二的歡樂。

茶會也是最新衍生出來的，它讓人們享受到獨一無二的交流形式，讓那些酒足飯飽的人有了新的娛樂去處。所以，與其說喝茶是爲了解渴，還不如說是爲了讓味覺重獲新生。

政治宴會也成爲一種時尚。在之前的三十年中，它不斷地汰舊更新，很多政策法規的制定就是源於這樣的場合。作爲宴會，它的菜餚當然是首屈一指的，不過人們在食用時並不會特別注意，而是事後回想才發現它們魅力十足。

最後，餐廳業也出現了，這是一個全新的場所，以致人們對它的認識總是很片面。餐廳出現的好處就是：每個人只需花三、四塊金幣，就可以立即沉醉在美食的享受中。

XXVII

論餐飲業
On Restaurateurs

餐廳扮演的角色，就是向大眾提供安排好的宴會，依據顧客的需要，將每種菜餚分爲好幾份，菜色的價格也是事先訂好的。

從事這項業務的場所被稱爲餐廳，它的經營者就稱爲餐廳老闆。

所有菜餚的名稱與價格都寫在一張紙上，我們稱之爲「功能表」，別名「菜單」。而那張詳細列出了顧客點好的菜色，以及應該支付的總額的單子，就被稱爲帳單。

儘管很多人經常去餐廳用餐，但從沒人思考過，發明餐廳的人有著怎樣的觀察力與智慧。下面我們就來討論這個備受人們青睞、舒適安逸的場所是如何誕生的。

起源

一七七0年，那是路易十四的繁榮時代，攝政王黑暗統治時代與弗勒里（Cardinal andr'e-Hercule de Fleury）紅衣主教統治和平年代後的一年，一個外來人想要在巴黎城內找個可以享用美食的場所，簡直是難上加難。

迫於無奈，他只能去小旅館吃那些品質極差的飯菜。那時只有爲數不多的一、兩家旅館供應而已。整體來說，客房不僅只供應家常菜，而且還有時間限制。雖然能夠找承辦酒席的廚師幫忙，不過他們承辦的範圍卻是全套宴會，只有提前預約才可能邀請幾個朋友小聚一下。正因如此，假如達官貴族沒有邀請到訪者共同進餐，那麼對於他來說最遺憾的事莫過於沒有品味與享受到法國大餐。

這種影響人們生活情調的狀況當然會被打破，只是因爲大家都懶得思考，所以並沒有立即出現解決方案。

接著，一位有遠見的人出現了。在他看來，事情一定要朝正向發展，否則往往會趨之消極面。據他觀察，同一時間因爲同樣的需求，人們每天都會去能夠吃到飯菜的地方。不僅如此，他發現，假如一位顧客買了雞翅，而另一位顧客買了雞腿，兩者並不衝突，從雞身上切一塊肉並不會使帶骨的大塊肉味道因而遜色。不僅如此，假如所有的顧客都希望自己的菜餚是物美價廉的，那麼，銷售工作只會越來越難；但如果我們將這些菜餚分門別類，並且制定出相應的價格，那麼就可以讓社會每個階層的人都得到滿足。

不難想像的是，這個人一定還有其他的奇思妙想。他是第一個建立餐廳的人，他開發出一種待遇豐厚的職業，而他的接班人與他一樣，既有信心，也有能力與方法。

餐廳的優點

在法國出現了餐廳後，便開始遍及整個歐洲。它在給每個公民帶來便利的同時，還讓烹飪藝術有了進一步的發展與提升。

第一，餐廳出現後，人們可以更加合理地安排自己的時間，根據自己的興趣愛好，在適當的時間去用餐。

第二，由於所有菜色的價格都是事先規訂好的，所以人們可以保證自己的消費在經濟能承受的範圍內。

第三，付完錢後，人們就可以肆無忌憚地品味清淡、濃郁、香甜不一的菜餚了，與此同時，還可以品嘗到一流的法國或者國外的葡萄酒、咖啡，每種飲料都散發出誘人的清香，讓人食欲大增。餐廳是美食家最好的棲身之所。

第四，它還方便了旅遊者、外國人、鄉下人，抑或是缺乏廚房設備的人，讓他們同樣可以享受到美食。

在一七七0年代，一些位高權重的人眞的是集兩大優勢於一身：可以隨時隨地出門旅遊，以及時時刻刻都能享受到美食。

馬車每天能跑五十里格（league），因爲它的出現，上面說的第一個優勢不復存在。餐飲業則使美食變得更加平民化，因爲餐廳的興起，第二大優勢也被徹底顚覆了。

無論是什麼身分的人，只要你擁有十五塊到二十塊皮斯托爾幣（pistole），就可以坐在上流餐廳的雅座前，端上來的菜餚甚至比親王吃的還要豐盛，在宴會規格上更是有過之而無不及，並且所有的菜餚都是自己喜愛的，沒有混入其他人的意見。

一間餐廳的描述

細心觀察就會發現，餐館內部的每個角落都別有一番趣味。房間的遠處有幾位沉默寡言的顧客，他們點菜的時候嗓門特別大，完全沒耐心等上菜，飛快地吃完後就結帳，接著揚長而去。另一張桌子旁是幾位鄉下人，他們享受著清淡隨意的菜色，不過也會嘗試一下自己以前沒有見過的菜餚。他們完全陶醉在這新的飲食環境中。

在近處有一對夫妻，丈夫與妻子頭上都戴著法式的帽子與披巾，而他們倆已經很長時間沒有好好交流了。假如他們現在身處戲院，我保證絕對會有一個人將聽戲的時間用來睡覺。

離他們遠一點是一對情侶，之所以說是情侶，是因爲他們倆盡情地享受彼此的濃情蜜意，而忽略了周遭的一切。他們倆都是熱愛美食的人，眼底流露出喜悅之情，他們精心挑選鍾愛的菜色，此刻，他們在回味過去，沉溺現在，眺望未來。

餐廳的中間還放有一張桌子，這是給常客坐的，他們與餐廳有協議，並且每次消費的金額都很固定。他們可以隨意說出餐廳侍者的名字，這些侍者還會不厭其煩地向他們推薦最美味與最新推出的菜色。他們是餐廳的常客，也是餐廳的主要收入來源，他們就像野鴨吸引布列塔尼人那般吸引著高貴的顧客群。

還有一些令人詫異的顧客，是那些好像在哪裡見過卻又不認識的。這些紳士將餐廳當成自己的家，輕鬆自在地享受著，他們偶爾也會跟周圍的人談笑幾句。像這種人只有在巴黎才能見到，他們沒有自己的資產、也沒有固定的工作，可是他們花錢卻依舊毫無節制。

最後，有爲數不多的外國人，其中數量最多的是英國人。每個外國人都會要上兩份最昂貴的菜餚來享用，與此同時還不忘飲用一些烈酒，甚至還需要別人的幫忙才可以站得穩。

我的描述保證眞實可靠，而且無論哪周的哪日去餐廳驗證，你都會發現的確如此。假如它能增強人們的興趣，那麼也就意味著它是一則眞理。

競爭

之前我們已論述過：餐廳的經營者推動了烹飪藝術的發展。

實際上，只要廚師能領會如五香燉肉之類的功夫菜可以讓他們名利雙收，那麼出於這一目的，廚師的想像力與創造力就會被激發並且源源不絕。

研究顯示，許多之前被看作一文不值的食材，皆能搖身一變成為美食。新食品被研發出來，之前的食品也不斷改進，而這兩大類又包含各種各樣的形式。外國的發明創造可以被我們所用，全世界的菜系都是我們靈感的源泉，直至有一天，我們能創造出一道涵蓋全世界特色的菜餚。

餐廳中的美食家

當我們考查威利兄弟與普羅旺斯兄弟等高級餐廳的菜單後就會發現，在那裡用餐，人們的選擇是很多的。比如說湯有十二種，冷菜有二十四種，牛頭有十五到二十種，羊頭有二十種，野雞和野味有三十種，小牛肉有十六到二十種，糕點有十二種，魚有二十四種，烤肉有十五種，配菜與甜點有五十種。

除此之外，有口福的美食家不僅可以品嘗這些美味的佳餚，還可以盡情享受不少於三十種的葡萄酒。他可以依據自己的喜好選擇酒類，比如說勃艮第酒、開普（Cape）葡萄酒、托卡伊（Tokaji）葡萄酒。他還可以品嘗到二十到三十種飲料，像賓治酒、尼格斯酒、乳酒凍等都是。當然，諸如咖啡與其他的混合飲料是不包括在其中的。

法國菜，像鮮肉、家禽、水果等在餐廳的晚餐中占有最大的比重，像牛排、威爾斯野兔、賓治酒等菜是借鑒英國菜式而來；像酸菜、漢堡燻牛肉、黑森林肉排等都是從德國引進來的；西班牙的菜餚主要有雜燴、鷹嘴豆、馬拉加葡萄乾、塞里卡辣火腿（Xerica pepper-cured ham）與其他飲料；義大利菜有通心麵、帕馬森起士、波倫亞香腸、大麥片粥、涼點與飲料；俄國菜主要有形形色色的乾肉、燻鰻魚、魚子醬；荷蘭菜有鹹鱈魚、乾酪、醃漬鯖魚、庫拉索酒（Curaçao）；亞洲菜則有印度大米、西谷米、咖哩、醬料、希哈酒（Shiraz）與咖啡；非洲菜有開普葡萄酒。最後，還有美洲的馬鈴薯、鳳梨、巧克力、香草及糖等特色食物。

上述所提及的食品和原料，就是巴黎等地的美食產業如此興盛的原因。換句話說，這些美食融合了世界各地的特色，是各地產品的縮小版。

XXVIII

古典美食主義
Classical Gourmandism In Action

德布羅斯先生的歷史

一七八〇年，德布羅斯誕生，他的父親在國王身邊擔任祕書一職。在他年幼的時候，父母就雙雙離世，他自然而然地成爲了四萬磅家產的繼承人。如今，在他看來，的確沒有比他更適合的人選。

他之所以受到了如此良好的教育，得歸功於他叔叔。他熟知拉丁語，但是必須學習除了法文之外的其他語言總讓他感到迷惑，因爲法語完全可以準確地表達他的想法。但是，隨著學習不斷深入，他覺察到自己陶醉於學問之道，而且獲得前所未有的快樂。而在閱讀到賀拉斯的著作後，他便不能自拔了，他暗暗告訴自己，一定要深入研究這古代詩人的語言。

他還研究音樂，在多次的嘗試後，他偏愛鋼琴。他盡量減少鋼琴獨奏，因爲那樣會使它的表現力下降。他很享受邊彈奏邊歌唱，將鋼琴的作用發揮到最大。

這一方面，與專業教授相比，他的能力有過之而無不及。不過他爲人低調，不會譁眾取寵，在他眼中，他的任務就是做好伴奏者應該做的，給予歌手最大的支持與配合，保證歌手可以發揮出最好的水準。

他覺得年輕就是資本，所以大革命時期那些艱辛的日子他也同樣地過，並且毫無損失。那時他沒有人身自由，他請了一個人做他的替身。拿到死亡證明的那一剎那，他覺得無論成功與否，他都可以毫無顧忌地或喜或悲了。

儘管德布羅斯沒有驚人的身高，不過體態勻稱。人們總會先注意到他的相貌迷人。當時，他和法蘭西劇團的米舍、雜耍演員加沃當和迪索耶四個人關在同一個房間裡，他們就像是一家人。總而言之，德布羅斯可以稱得上是帥氣英俊，他偶爾也會承認這個事實。

他認爲選擇職業是困難的。他從事過多種工作，但最後都因不足之處而離開，最終，他享受的生活既有閒情逸致，又很充實。他成爲了幾個文學社團的成員之一，而且在地區福利委員會擔任一職，他還爲所有的慈善機構募捐。他認眞地參與這些活動，而且沒有忽視他的莊園。與其他人無異的是，他也有自己的工作、活動與社交。

當他快到二十八歲時，才開始爲自己的婚姻做準備，而他唯有借助餐桌才能見到他心愛的人。見完第三次面，他強烈地感覺到她就是美麗、善良與聰穎的化身。

不過他的婚姻只是曇花一現。結婚一年半以後，妻子因難產過世，伴侶的香消玉殞使得他很長一段時間都沉浸在悲痛之中。爲了紀念妻子，也使自己的心靈得到慰藉，他將女兒也取名為愛米妮。

在他從事的那麼多職業裡，德布羅斯都可以獲得快樂。不過他察覺到，就算是最優秀的公司，也無法杜絕嫉妒、派系、虛偽之風。在他看來，這是因為人性的殘缺而導致了這些不良的風氣。他決心致力於人性的改善。不過，漸漸地，他也無法逃脫命運的安排，竭盡心力地想要使自己的味覺得到滿足。

德布羅斯曾說過：「美食學是對充饑藝術進行反省和欣賞。」

他引用了享樂主義的代表人物伊比鳩魯（Epicurus）的話：「莫非人生下來就自動無視於大自然的賞賜？莫非人降臨世間的目的就是為了忍受災難？上帝為什麼讓人腳下的鮮花綻放？因為不能違背天意，所以我們對上天的賞賜從不拒絕；因為上天的意志，我們有了自己的義務。但是我們也是從上天那裡得到了啓迪，才會滋生出欲望的。」

他模仿智者說話的口氣：好東西只有好人才可以享用，要不然我們就會被荒謬的想法所迷惑，認為上帝是為了讓人類贖罪才創造他們。德布羅斯首先遊說他的廚師，他竭盡全力地讓廚師明白工作眞正的內涵。

他跟廚師說，要想廚藝有所長進，與理論知識相比，實踐經驗更加重要。他有時候還說，廚師實際扮演的就是類似化學家與藥劑師之間的角色。廚師每天的任務就是保證人體機能的正常運轉，只有在極少數的情況下我們才需要藥劑師的配合，所以相對於藥劑師，廚師的位置更加舉足輕重。

他還引用了一位學識淵博的醫生的話：「廚師必須學會如何用火加工食物，這是古代人所無法掌握的。如今，我們的技術得益前人的探索與理解，由於前人費盡心思地研究許多食材，現在才掌握了一些隱藏苦味的技術，可以讓菜餚更加好吃，所以他們總是會爲自己所做的菜添加上等的配料。與其他地區的廚師相比，歐洲廚師在菜餚原料的構成方面造詣頗深。」

他的一番話讓聽者幡然醒悟，這位廚師覺得自己任重道遠，並且對自己的工作萌生了崇敬之意。

經過長期的實踐和思考，德布羅斯得出以下結論：事實上，菜餚的數量都是透過習慣決定的。相對於劣質的飯菜，優質的飯菜價格較高。不過就算是上等的葡萄酒，一年的消費也要維持在五百法郎以內。因此，主人心目中的家宴標準、以及他對廚師的重視，決定了事情如何發展。

根據這些，德布羅斯的晚宴有著古典莊重的品味，他的聲名遠播，參加宴會的人都覺得自己特別幸運。有的人根本沒有被邀請過，但仍誇誇其談地說宴會魅力十足。

他堅決不邀請那些掛名的美食家，那些人只是一些貪吃之輩。他們的胃口就像是無底洞，他們所到之處，菜餚就會被席捲一空。相對於那些人，他更情願邀請與他眼光一致的朋友，他們品味每道菜時都極具理性，他們不會覺得品嘗菜餚是在浪費時間，並且還能做到淺嘗即止。

商人們總是建議他買一些稀有的美味，而且願意以低價出售。因爲他們心知肚明，這些食物在消費的時候是理性的、從容的，並且會給社會帶來影響，進而讓更多的人知道他們商店的存在。

德布羅斯舉辦晚宴時，在一般情況下，邀請的客人不多於九位，菜餚數量也適中。不過因爲他的竭盡全力與非同凡響的品味，因此這些菜餚都無可挑剔。他的宴會上總會有當下最罕見的食物，有的是因爲稀少，有的是因爲早熟。宴會的服務周全，完美無瑕。

宴會當中，人們談論的都是些兼具趣味與教育性的大眾話題。這一切都要歸功於主人別出心裁的鋪排。

德布羅斯家中生活著一位貧困的智者。這位智者會從七樓下來給予德布羅斯一張話題交談清單，每個星期都是如此。當主人察覺席間人們的談話變得枯燥無味時，他就會見機將人們引到這些話題上，用這些話題維持宴會的氣氛。除此之外，這些話題還能避免那些影響食欲與消化的政治話題。

他會邀請女士參加宴會，一周兩次，每次他都爲女士們安排一位男同伴。這種精心的安排讓人們更加享受其中的樂趣。假如有一些不苟言笑的女士察覺到自己被冷落，她們就會覺得是奇恥大辱。

在那個時代，官方只允許大家玩埃卡泰牌（ecarte）、皮克牌、惠斯特牌等溫和的牌戲，它們象徵了嚴肅與思考，更有甚者，將它們作爲教育好壞的標準。不過大多數的夜晚，人們都陶醉在妙趣橫生的交流中，根據前文所提到的內容，德布羅斯還會安排唱歌之類的小插曲。當人們對他的表演讚不絕口時，他也會爲之動容。

每個月的第一個星期一，就是德布羅斯與神父共同用餐的日子，德布羅斯每次都以周到的晚餐來招待神父。儘管他們談論的話題較爲嚴肅，但是也不缺少趣味。神父已經徹底地被晚宴的魅力所折服，所以他希望每個月的每一個星期一，他都能與德布羅斯共進晚餐。

與此同時，每個月的這一天，年輕的愛米妮也會到場，她一直都生活在米涅隆夫人家中，而夫人也樂於陪伴她的學生。每次到來的時候，愛米妮都會精心打扮一番。父親是她最尊敬的人，父親會問候她，並親吻她彎彎的眉毛，這一刻這兩個人所感受到的幸福是其他人無法想像的。

德布羅斯總是不遺餘力地保證自己在宴會上所花的錢沒有違背道德準則。與他交往的商人，其商品不僅有品質上的信譽，而且價格合理，他向自己的朋友推薦這些商人，而且還會加以說明。他總是說，商人們在巨大的利益面前，就會忽視獲得利益的方法。

他的葡萄酒商自詡其生產的葡萄酒是最純正的，即便追溯到伯利克里時代（Pericles）的希臘人，這樣的品質仍然少之又少，所以更別提十九世紀了。也是因爲這種好品質，使得他家境殷實。

在我們看來，于爾班餐廳的經營策略就是德布羅斯改良的。于爾班在皇宮中經營一家餐廳，他供應的菜餚只需要花兩法郎就可以享用得到，而在別的地方，卻遠遠不止這個價格。這讓我們得知，透過大眾能接受的價格來保證客戶數量，才是他的經營策略。

美食家不會把餐桌上剩下的飯菜給他們的僕人享用，他們以其他的方式補償他們的僕人。這些菜餚儘管是剩下的，但外觀卻仍完好，主人可以決定它們何去何從。

因爲德布羅斯在救濟委員會工作，因此他能掌握人們的品行與需求，他相信他捐贈的食物正在發揮它們的作用。這些沒有吃完的菜餚讓人們填飽肚子的同時，還可以享受樂趣。即使是普通一點的，也會有鮮美的狗魚臀部、火雞的雞冠、肉排、糕點等。

爲了讓捐贈値最大化，他指定星期一的清晨爲捐贈時間，因爲工人們有個壞習慣，就是將星期日領到的工資全都花光，而德布羅斯想透過這些美味讓他們的揮霍最小化。

德布羅斯察覺到一對經商的年輕夫妻，儘管社會地位不高，但卻有著繁榮國家的商業精神。他親自前去拜訪他們，而且熱情地邀請他們出席他的晚宴。

在宴會那天，許多夫人與那位年輕的妻子討論家庭內部的經濟問題，許多紳士會與那位年輕的紳士探討商業與製造業的問題。

這些邀請可謂是絞盡腦汁，我們需要對其表達讚美之情，而那些被邀請的人也竭盡全力，不辜負他的期望。

在這段時間裡，年輕的愛米妮生活在瓦魯阿大街，她長得特別快。在介紹她父親的時候，我們忘了向讀者介紹愛米妮的外貌。愛米妮．德布羅斯小姐身材高䠷，身高約一百六十公分。她的身材纖細，宛如仙女，姿態優雅，與女神相比，有過之而無不及。因爲過著幸福愜意的生活，所以她健康地成長，身強體健。她不畏懼炎炎烈日，也不害怕路途遙遠。從遠處看你會認爲她是膚色暗沉的人，不過仔細看你就會發現她有著一頭褐色的頭髮，眉毛是黑色的，眼睛是蔚藍色的。從五官上來看，她與希臘人有幾分相似，不過她的鼻子是高盧式的。她的鼻子精緻而且魅力十足，連續三次晚宴，藝術家們都在欣賞她的容貌。在大家眼裡，與其他五官一樣，她那帶有法國韻味的鼻子同樣具做畫與雕塑的價値。

她的腳小巧精緻。一八二五年的跨年夜，在父親的允許下，她送給了父親一雙自己的黑緞帶鞋。她父親總是向上流社會的客人們展示這雙鞋，只爲了說明人的外表與性格深受社交影響。在他看來，我們讚不絕口的小腳是藝術和文化的結晶，你很少會看見小腳的農民，而擁有小腳的人，他們的祖先都是悠然自得的生活者。

她說話時，語氣自然溫婉，沒有人想到她熟知我們那個時代赫赫有名的作家。但是偶爾，她會因爲忘乎所以而說出了這一事實。於是等到她發現時，已經羞紅了臉，眼睛朝下望。她的臉紅也是謙虛的表現。

德布羅斯小姐在豎琴與鋼琴方面都有很高的造詣。不過相對於鋼琴，她更愛豎琴，因爲她對我們所謂天使演奏的樂器、即古代吟遊詩人奧西恩（Ossian）讚不絕口的金制天界琴懷著特殊的情愫。

她的嗓音純正、優美，就像天籟之音，不過也略帶羞澀。倘若有人邀請她唱歌，她從來不會拒絕，不過她總是會先向在場的每個人致意，然後才開始演唱。與他人無異的是，她也會謙虛地說自己的歌聲並不動人，不過臣服於她的魅力的人們早就忽視了這一點。

她並沒有將針線活拋諸腦後，她覺得從針線活中可以找到純眞的樂趣，並且能緩解鬱悶苦惱的情緒。她做起針線活時，也可以與仙女相媲美，只要市面上出現新的針法與花樣，她就會央請父親身邊的女裁縫親自教她。

對父親的尊敬就是她快樂的源泉，儘管愛米妮還沒有心愛的人，但這並沒有降低她對舞蹈的熱情。

她跳方陣舞的時候，整個人立刻高了好幾公分，你會產生一種她要飛起來的錯覺。不過她跳舞並不隨性，她的舞步輕盈穩重，也很享受在自己房間裡跳舞。她的舞蹈潛能是眾所周知的，在我看來，她勤奮練習一段時間後，就可以與舞蹈家蒙特蘇夫人（Madame Montessu）相媲美了。我們可以將她比喻成自由的鳥兒，時刻都可以在天際遨遊。

德布羅斯將這位溫婉可人的女孩從寄宿學校接了回來，希望她可以在他給予的財富和榮耀中得到滿足，世界上沒有人比德布羅斯更加幸福了。他穩重自持，希望這種幸福可以一直延續；可惜幸福往往只是一瞬間，未來是我們始料未及的。

德布羅斯在去年三月中旬時，應邀前往鄉下朋友那裡。

那幾天的天氣就像是盛夏，遠處的地平線上發出了連續且渾厚的打雷聲，這與那句古話「冬去大地春雷動」相得益彰。不過這並沒有讓這群人停止前行。沒過多久，天空就暗了下來，烏雲密布，雷雨交加，閃電、冰雹一股腦兒地向人們湧來。

這群人各自去找避雨的地方。德布羅斯找到了一棵大楊樹。這棵大楊樹外層的枝葉茂盛，像傘一樣撐開，乍看是避雨的好地方，可是最後卻奪去了他的生命。那棵楊樹的樹頂剛好觸及了帶電的雲層，流到枝葉上的雨水也產生了電流。伴隨著驚人的巨響，德布羅斯立即倒地身亡了。

德布羅斯在這場意外事故中喪失了性命，人們為他舉辦豪華的喪禮。送葬的隊伍就像是一條長龍，有的人是步行，有的人駕車，隨著他的靈柩到達拉雪茲神父公墓，人們都在為他祈禱。他的一位朋友在他的墓旁念了感人肺腑的悼詞，讓所有在場的人心有所感。

不幸的愛米妮因這突如其來的變化受到打擊，不過她並沒有痛哭不止，也沒有終日臥床來緩解她的痛苦，她只是忘乎所以地流淚。朋友們讓她盡情地哭，希望她可以將內心的痛苦全都釋放出來。面對這突如其來的變故，人自然無法承受，只有哭才可以讓內心的悲切得到緩和。

時間是治療創傷的良藥，她那顆稚嫩的心上的傷口也會慢慢癒合，如今說起她的父親，愛米妮不再淚如雨下。現在她是以虔誠、優雅的悲切和不變的愛來談論她的父親，她的語氣沉著，已無法看出她內心悲傷的痕跡。

終將有一位男士可以與愛米妮一同爲她的父親的墓碑呈上花圈，那個男人將是最幸福的。

每個星期日中午的彌撒時間，你都可以在那個私人的禱告室裡見到修長美麗的愛米妮，她身旁是一名老婦人。人們完全被她姣好的身材所吸引，不過厚厚的面紗遮去了她的容貌。因爲她的出現，讓禱告室裡多了一群忠誠的年輕人，他們每個人都穿戴整齊，其中很多人英俊瀟灑。

XXIV

餘音

Bouqet

美食學的神話

作爲第十位繆斯女神，加斯特麗亞（Gasterea）是使味覺快樂的負責人。

世界上的所有生命都唯她馬首是瞻，因爲生物如果沒有充足的營養，生命就無法繼續，世界也將一片荒蕪。

她最鍾愛的地方當屬山坡上的葡萄園或芳香四溢的橘子林，抑或是綠蔭橫生的山谷。那裡的松露是首屈一指的，除此之外還有豐富的果實與野味遍地的田野。

她會以年輕女士的身分進入人間，在腰間別上一條火焰色的腰帶；她有一頭烏黑的秀髮，湛藍的眼眸，身材修長精緻，就算是維納斯與她相比，也會遜色很多。總而言之，加斯特麗亞是集美麗與活力於一身的女神。

她很少讓凡人知道她的眞面目，所以人們只能透過她的塑像來緩解內心的渴望。

有一位雕塑家按照他心愛的女士的樣子，將他所有的藝術技巧全數展現，最後塑造了一個令自己神魂顚倒的塑像。各處都有供奉女神的神壇，不過女神最喜愛的地方非巴黎宮殿前面的寬敞平台莫屬。

在那個以火神命名的小山丘上，聳立著她的宮殿，一整塊龐大乾淨的大理石是該宮殿的基石，周圍有一百多條通道，通往聖殿各處。

有很多祕密的房間座落於那塊神聖的岩石之下，在那裡，藝術審視自然，使自然遵循它的規則。在那裡，空氣、水、鐵與火焰都被纖纖玉手所掌握著，完成分解、化合、粉碎、混合等任務，它們所獲得的東西是野蠻人迷惑不解的。

所以，這些卓越的創造註定在那榮耀的歷史性的一刻被顯現出來：這些不知名的創造者默默奉獻著，因爲藝術領域的延伸，人類所享受到的恩惠才是他們快樂的源泉。

這座聖殿氣勢磅礴，素雅簡單，它是建築史上的偉大里程碑，舉世無雙。一百根東方碧玉石柱結合在一起，成爲它的屋頂，這是蒼穹的象徵。

對於聖殿的外觀，我們不再贅述，只需要說一下三角牆上點綴的雕塑與圍繞在周圍的裝飾就恰到好處了。它們是用來追悼那些創造了實用發明的人們，所以越發高貴。這些人是火、犁等的發明者。

在離屋頂有一段距離的聖殿內部，有一尊女神的塑像，突如其來的閃電總會讓聖殿披上一層神祕的外紗。

膜拜這位女神不需要太過繁雜的禮儀：日出時分，祭司們踏進聖殿，拿走聖像上的花環，取而代之的是一個新花環。並且他們誦唱聖歌，向女神對人類的恩惠表達感激。主持者是十二位祭司中年齡最大的那個。這些祭司都是睿智聰穎、剛正不阿的人，只要具備了這兩個要素，就算其他條件很普通也可以脫穎而出。他們並不年輕，可是歲月沒有在他們臉上留下痕跡，因爲聖殿中的新鮮空氣讓他們永保青春。

每一年的每一天都是女神的節日，因爲她每天都竭盡全力地爲人類謀福祉。不過在此之中，也有一個最爲神聖的日子，那就是美食慶典日，每年的九月二十一日。

在那個神聖的日子裡，巴黎從清晨就瀰漫在香煙之中。人們戴上花環，吟唱著女神頌歌，走上街頭，彼此打著招呼。人們心裡盛滿了喜悅，空氣中瀰漫著和諧。他們盡情地享受著愛與友情。打從天一亮，人們就盡情狂歡，接著到了規定的時間，他們就會抵達聖殿，爲接下來的聖餐做準備。

在聖殿女神的腳下，有兩張桌子，分別是給祭司和一千二百位信奉者的。這兩張桌子精巧高貴，上面擺放的物品即使在皇宮中都是極其罕見的。

祭司們踏著緩和的步伐，神情肅穆地迎面而來。他們身穿純白色羊毛袍，袍邊用深紅色刺繡裝飾。神色莊嚴但仍和藹可親的祭司，用深紅色的腰帶將袍子綁緊。他們相互致意，然後坐了下來。

此時此刻，宴會上的第一道菜由身穿細亞麻布的侍從端上來。這些美味的食物讓人們吃得酣暢淋漓，端上來的菜都是細心挑選的。它們用料極其講究，加工技術高超，可謂是藝術中的精品。

年長者在此處非常有說服力。他們說話時，語氣溫婉、鏗鏘有力，話題圍繞著自然的神奇與藝術的力量。他們品嘗時緩慢安逸，細心咀嚼每一道菜餚。假如他們用舌頭舔了油光充足的嘴唇，那名廚師就會因此而久負盛名。

美酒與宴會相得益彰，負責斟酒的是十二位侍女。她們是從藝術家和雕塑家的選美團隊中脫穎而出的。她們穿著古代雅典服裝，陪襯使她們的美麗更勝一籌，素雅卻不老氣。

當一雙雙纖纖玉手爲人們斟上美酒時，這些祭司並不會故意撇開眼神，截然相反地，他們帶著讚賞的心情去看待上帝的的佳作。欣賞的同時還不忘皺眉，讓自己不會沉溺其中。他們道謝、飲酒的時候也表達了情感。

附近每個國家的國王、親王與知名人士不停地往來於餐桌的兩端，他們離開的同時還會仔細關注著眼前的新穎事物，他們來這裡的目的就是提升自己在飲食方面的高雅程度。這項藝術在他們的國度還是鮮爲人知的。

當這一切在宮殿中繼續時，餐桌上的每個人都陶醉其中。因爲此時男人們可以與陌生的女士坐在一起，這都要感謝女神，所以他們更加快樂了。能夠被選來聖殿用餐的，只有那些促進了藝術發展並且傳承了法國熱情好客的人、使人們生活更加安穩並且不斷接受新事物的指標人物、富裕又樂於助人的慈善家，只有這些人才有機會前來用餐。

餐桌是圓環形的，中間空出來的一塊用於上菜，還有讓大家欣賞菜色。在這裡，客人能見到世界最遠處的食物。

餐桌上擺放的全是大自然賜給人類的營養品，令人豔羨不已，經過一番調製與組合，這些珍饈美味的數量又增加了上百倍。除此之外，廚藝的變化翻新已讓人們分不清究竟是本地的還是外來的。空氣中瀰漫著美食的芳香，令人心曠神怡。

此時此刻，男僕們手腳俐落地爲每位客人補滿酒，酒有時候散發出紅寶石的光亮，有時又會帶有黃玉般淳樸的氣息。

人們會聽見音樂家們在圓頂附近的頂座中進行演奏，旋律簡單又振奮人心，整座殿堂都陶醉其中。

此時，人們都會昂起頭，享受動聽的音樂，頓時沒有了交談聲。短暫的休息讓人們更加振奮。上帝賦予了人們如此新穎的禮物，讓人神清氣爽，精神清醒。

在珍饈美味中得到滿足後，十二位祭司就會走到眾人之中，和大家一道享受節日的美好。他們就像是東方的聖人，享用著摩卡咖啡。它的香氣濃郁，在金杯子裡熱氣騰騰，祭司的助理從聖殿中走出來，拿著糖供人們添加。魅力十足的當屬那些年輕女士，不過在聖殿氛圍的薰陶下，在場的其他女士們都不會產生嫉妒之意。

最後，地位最高的祭司開始誦唱讚美詩，人們也緊隨其後，旁邊還有樂器附和著。

當人們向上天表達完忠誠的謝意之後，儀式就畫上了句點。這項儀式暗示了宴會的開始，因爲只有人們感受到了快樂，才能凸顯節日的作用。

宮殿前、廣場上、大街小巷都是一望無際的餐桌。人們不必刻意挑選位置，也沒有社會階級與年齡的區別，大家相互擊掌，給予對方最忠誠的問候。每個人都會介紹自己身邊的人，臉上全是滿滿的幸福。

儘管這個大城市此時此刻與食堂無異，人們的熱情也證明了物資豐富，不過政府並不會讓人們毫無節制，而是相應控制，避免一些違背原則的事發生。

過了一會兒，歡快的音樂傳進了人們的耳中，它呼喚著人們加入舞蹈的行列，這受到了所有年輕人的青睞。大廳鋪上了優質的地毯，人們可以盡情地享受各種各樣的快樂。

人們齊聚在大廳中。在那裡，表演的人、加油喝彩的人、在遠處欣賞的人都數不勝數。老人們的心中也燃起了激情的火焰，他們盡情歡笑如年輕時。儘管女神的節日是莊嚴肅穆的，但是她並不會爲此而責罰人們。

夜深人靜時，人們依舊在狂歡，身心得到了前所未有的愉悅。當活動快要結束時，人們本應回家休息，但是他們卻還是欲罷不能。

最後，狂歡的人們都風度翩翩地離開了，在睡夢中，還會覺得這一天回味無窮，並且希冀著明年此日的來臨。

第二部

雜想篇

Part Two

過度篇
Transition

我一直都在竭盡全力地保證讀者閱讀時，可以不脫離我的思維邏輯。假如我可以讓讀者長時間聚精會神地閱讀，他們一定會發現我一直在強調的兩個觀點：第一，建立美食學的理論依據，保證它可以屹立於科學之上而不傾倒；第二，解釋清楚何謂美食學，並且以此作爲依據，讓人們了解到享用美食與暴飲暴食之間的差異。

思維狹隘的道德家首先在語義上就混淆了「美食」和「暴飲暴食」，他們懷著熱忱試圖闡述智慧能衍生快樂，而創造財富能使你不被人們恣意踐踏。之後，一無所知、性格孤僻的文法學家在進一步的論述後，又將它們傳播開來，而且用假裝專業的語調讓它們被認同。

是時候該指出這個錯誤了，因爲現在人們認爲宣傳美食是很美妙的事。在過去，人們若被評價爲熱愛美食或貪吃的話，羞辱感就會油然而生。

基於上述的兩個觀點，本書撰寫的內容一定會得到大部分人的認同。所以，我停下筆回顧自己完成的事業。然而，在研究和人類生活方式息息相關的問題時，我也想起了很多值得一提的事，比如說鮮爲人知的名人軼事、我親眼看見的妙人妙語、美味的菜餚和增強食欲的小菜。

我的觀點都分別融入到本書裡，也許看來不是非常連貫，但透過整理，我堅信讀者會從中感受到樂趣，因爲除了趣味性外，它還涵蓋了豐富的親身經歷和實踐心得。

像我們之前所說的一樣，爲了怕引起不必要的麻煩，我會恰當地使用自傳的方式，希望你們不要介意。我已經得到了相應的回饋，比如說我與朋友共同生活之時，在我人生流離失所的時候，朋友們爲我的文章做出了一部分的貢獻。但不可否認的，當我讀到很多富有個人情感的文章時，我的焦慮油然而生。這種焦慮源自於近來的閱讀，並且你們也可以在本書的感悟中看到一些評論。

我害怕一些運氣不好的人，他們會因爲消化不良而輾轉反側，會抱怨：「這個教授自詡對人有益！這個教授經常自我誇獎。這兒有個教授……這兒有個教授他……」

在我受到謾罵之前，我得解釋：不喜歡議論別人的人拿自己開玩笑是完全沒問題的，沒有任何的偏激成分。如果人們連這一點權力都不給我這無欲無求的人，也太沒有道理了。

我堅信在做完如此誠懇的答覆後，可以披裹著哲學家的長袍安然入睡。而對於那些吹毛求疵的人，只能用一個詞來稱呼他們，那就是「睡不安穩的人」。這個名詞是一種全新的辱詞，我或許該爲它申請專利。

雜篇
Varieties

神父的煎蛋捲

眾所周知，雷加米埃夫人一直都享有巴黎美女的榮譽稱號，這是二十多年來不曾改變的事實。除此之外，她也具有無私的精神，爲濟貧事業做出了巨大的奉獻，只因首都依舊有大部分的人過著貧苦清寒的生活。

一次，夫人邀約神父討論事情。他們約好下午五點見面，可是讓她詫異的是，她抵達的時候神父正在用餐。在勃朗峰大街居民的印象中，巴黎人要六點才吃飯，她沒有想到神父會如此早用晚餐，因爲他們晚上還會吃宵夜。

雷加米埃夫人不想打擾他，可是在神父的盛情邀約下，她留了下來。在神父看來，交談與用餐並不矛盾，也可能是美女讓他更加欣喜，或者與他人交談會使他的餐廳增添不少光彩，讓人可以盡情地陶醉在這些美味中。

他的餐桌安排得精心雅緻，桌布乾淨整潔，玻璃材質的細頸酒瓶裡，佳釀閃爍著耀眼光芒，造型別致的上等瓷器如剔透的雪花，滾燙的開水讓飯菜都可以保持原有的溫度，心靈手巧的女僕規矩地靜立一旁，隨時等待差遣。

這頓飯將簡樸和精緻合而爲一。喝完一碗小龍蝦湯後，盤子就被撤走，此時還剩下一份鮭魚、一個煎蛋捲和一份沙拉。

神父笑著說：「我的晚餐中有許多出乎妳意料的事，根據天主教的教規，今天是齋戒日。」雷加米埃夫人點頭回應了神父說的話，可以看到她的臉上泛著一絲紅暈，但這並沒有使神父因此停止用餐。接下來就要吃鮭魚了，他們從最上層開始吃，這份鮭魚完全可以和專家所做的媲美，從神父的神情就能清楚地知道他很享受這一切。

吃完鮭魚後，神父將注意力轉移到那渾圓、精巧、翻轉製成的煎蛋捲上。以勺子切開，水分豐富、顏色誘人，香味從煎蛋捲中散發而出，瀰漫整個餐桌。雷加米埃夫人垂涎欲滴。

神父將全部身心都投入到人類的發展事業中，對此他總是滿懷同情心，就像他對雷加米埃夫人追根溯源的問題已經司空見慣了一樣。「這道菜名叫金槍魚煎蛋捲，我廚藝高超，吃過它的人都讚不絕口。」

雷加米埃夫人生活在安坦大街上，她說道：「我絲毫不懷疑，這美麗的煎蛋捲絕對是絕世佳餚。」

之後就是沙拉了。（我想對那些從不質疑我的人說：沙拉能夠醒腦，對身體無害，並且具有靜氣凝神，讓你青春永駐、活力四射的功效。）

晚餐的交談沒有停止過，拜訪者與神父聊著激烈的戰爭、時政焦點、宗教信仰與一些其他餐桌上的問題，彌補了晚餐的不足，讓它成爲無可挑剔的佳餚。

隨之而來的是餐後甜點，像塞蒙瑟爾奶酪（Septmoncel cheese）、卡爾維爾（Calville）蘋果和蜜餞水果都被端了上來。

在此之後，女僕放了一個可以用來打紙牌的小圓桌，神父的手肘放在上面高度剛好，一杯熱巧克力咖啡被端放在了桌上，房間裡瀰漫著香味。他微微地抿了一小口，挪開椅子，站起來說：「我不喜歡烈酒。一般只有朋友光臨時，我才會將它們拿出來，它們對我來說就像是奢侈品。不過我不喝的主要原因是爲了年邁的時候還可以盡情地享用，假如老天是善良的，肯定會讓我多活幾年的。」

此時此刻，時鐘已經不知不覺指向下午六點，雷加米埃夫人匆忙地回到了馬車上，原因很簡單，她與幾位朋友約好共進晚餐。剛好，我就是其中之一。與之前無異的是——她遲到了，並且依舊陶醉在她的見聞中。

整頓飯的話題除了圍繞神父之外就沒有其他的了，她說到神父的晚餐和誘人的金槍魚煎蛋捲。雷加米埃夫人將它的精緻和迷人的外表大肆讚揚了一番，溢美之詞不絕於耳，在所有人的腦海中，那絕對是一頓完美的晚餐。所有人都在大腦中描繪出了無可挑剔的畫面，想必神父知道一定會非常滿意。

這個話題終於告一段落，當聊到其他的事情後，這件事就被拋諸腦後了。不過我眞誠地希望可以憑藉已經知道的事實，本能地將那個抽象卻美味的菜餚具體化。所以，我命令我的廚師一定要把這道菜的細節研究出來。如今我就將它介紹給興致勃勃的美食愛好者，因爲在我的印象中，沒有哪個食譜中提到過這道菜。

製作金槍魚煎蛋捲

以六個人的份量來說，拿兩塊鬆軟的鯉魚卵，放入水中浸泡五分鐘，洗乾淨後用大火煮，並稍加鹽醃製，等到顏色泛白即可。

另外準備一塊金槍魚肉，約雞蛋大小即可，將蔥切成片狀。

將魚卵和金槍魚放在一起攪拌並搗碎，之後放到蒸鍋中，鋪上上等的奶油，用火加熱直到奶油全部被吸收，這正是這道煎蛋捲別具一格之處。

緊接著再準備一塊奶油，將歐芹和香蔥都切成細末，仔細地放在上面烤。

之後就是十二顆雞蛋了（保證是最新鮮的），將蒸好的魚卵和金槍魚放進煎蛋裡，一同攪拌均勻。

最後用普通的做法，竭盡全力保證煎蛋捲長、厚、軟三者兼備，做好後，將其小心翼翼地放到之前準備好的盤子中，在它熱呼呼且新鮮的時候就開始享用。

這是一道適合放入早餐的菜餚，在餐桌上，無論是業餘愛好者，還是經驗豐富且細嚼慢嚥的老饕都會愛上它的風味。倘若再配上一點美酒，簡直就是最愜意的事了。

注意事項：

1. 魚卵和金槍魚需用文火慢煎，火候過了就會變硬，無法與雞蛋很好地混合。
2. 選用有一點深度的餐盤，以便可以盛入湯汁食用。
3. 裝盤前，需先將餐盤預熱，否則會使煎蛋捲稍微降溫，影響口感。

肉汁雞蛋

一天，我跟兩位女士一同出發，將她們送到目的地默倫。我們很早就動身了，到達默倫時已經飢腸轆轆，只想飽餐一頓。但是我們休息的那家旅館，儘管整齊衛生，所有的食品卻已賣得一點不剩。廚師對我們說，三輛客座馬車與許多送郵件的車已經將儲存的食物一掃而空，他們就像古埃及的蝗蟲，在覓食的時候貪婪地吸取一切。

但是我看見一支上面穿著一根碩大羊腿的烤叉，不停地在火爐上轉動，女士們都目不轉睛地盯著，欲罷不能。

天哪！羊腿已經被取了下來，烤叉也被扔到旁邊，只見三個英國人正手握香檳，等待這隻被烤熟的羊腿。

我雖然有些氣憤，但還是用請求的語氣說道：「請問能否允許我們用這些肉汁將雞蛋烤熟呢？我們別無所求，再喝上一杯康寶藍咖啡（Con Panna），我們就心滿意足了。」主人回答道：「樂意至極，這些肉汁原本就是屬於我們的，我可以立即滿足你。」話音剛落他就開始敲雞蛋。

當他正忙碌的時候，我走到火堆附近，將那把旅行隨身攜帶的小刀拿了出來，在緊致密實的肉塊上畫了十二道口子，保證連它的最後一滴肉汁都被我們享用殆盡。

不僅如此，我還小心地幫他們一同煎蛋，心裡忐忑不安，生怕他們察覺到我的計謀而惹上不必要的麻煩。所以等他們烤好後，我立刻就拿著盤子朝我和夥伴休息的房間奔去。

民族的勝利

在我流亡紐約的那段期間，晚上經常會待在一間咖啡館兼酒館裡流連忘返，這家餐廳的經營人是利特爾，在那裡，你早上可以喝到甲魚湯，晚上可以品味各式各樣的美國甜品。

一般情況下，我都會與馬修先生、馬賽赫赫有名的經紀人讓·魯道夫·費爾一同前去，他們倆與我的境況一樣，遠離了祖國。我們吃著「威爾士兔子起士（WELSH RABBET）」，品嚐麥酒或者蘋果汁酒，在柔美的夜色中，盡情暢聊我們的喜怒哀樂和對未來的盼望與希冀。

在這間餐廳裡，我結識了維爾金森先生，他在牙買加擁有一座園子，當然還有成天陪伴在他身邊的人——維爾金森先生的知己。他有張方形大臉，眼睛炯炯有神，時時刻刻注視著周圍的情況。他大部分時間都保持沉默、不苟言笑，就像失明的人。在我所交往的人中，他是最獨一無二的，只有在聽到一些打趣的話或玩笑時，面部肌肉才會有些許放鬆，嘴巴張得像喇叭一樣大，發出很長的笑聲。我們對這種聲音再熟悉不過了，有些人以「馬嘶聲」形容，在英語中也說成「馬的笑聲」。當所有事情都回到原狀，他就再度被沉默包圍，彷彿僅是陽光飛快地透過雲層。維爾金森先生應該有五十歲，他的言語盡顯紳士風範。

這兩個英國人對我們三個人似乎充滿了興趣，他們已經多次加入我們三人的行列，與我們一同享用那些物美價廉的食物。一天晚上，我的鄰座維爾金森先生盛情邀請我們三人參加他的晚宴。表達完謝意後，我相信自己可以代表他們說出心聲，欣然接受了邀請。聚會的時間是在第二天下午三點。那天晚上與往日無異，不過當我準備離席時，侍者把我叫到一旁，告訴我英國人安排了上流的晚宴，他們將酒作爲宴會的焦點，因此這次的宴會將是一場酒水爭霸賽。那個大嘴巴的男人還說，他的心願就是把那些法國人都撂倒。

聽到這個消息後，我原本可以毫無顧忌地回絕，因爲我從來都不讓自己參加這種接近狂歡的宴會。不過這次不一樣，英國人肯定會讓全鎮的人都知道我們面對挑戰時退縮了，而這會讓我顏面盡失。雖然明知這次晚宴會有很多危險的事發生，但我們沒有違背薩克斯元帥的名言：「瓶塞已經取出來了。」於是我們欣然赴宴。

不能說我一點都不害怕，不過我對自己還是很有信心。我相信自己身體健碩、活力四射，而這一點是我們的宴會主人所沒有的。根據之前那麼多次過度飲酒卻無任何不良反應的經驗，我堅信這一次我也同樣可以讓那些英國佬輸得心服口服，即使他們本身就是酒鬼。

毋庸置疑，與剩下的四位赴宴者相比，我一定會嶄露頭角，成為最後的贏家，不過我個人勝利的榮譽也會因為朋友們的失敗而稍顯遜色。他們在這次挑戰中失敗的可能性很大，而我並不願意看到他們失去尊嚴。換句話說，我希望這次挑戰並不僅是我一個人的勝利，而是整個民族的。所以，我邀請費爾和馬修來到自己的住處，把我所害怕的事情一一向他們說清楚。我當時慷慨激昂，希望他們竭盡所能地讓自己少喝一點。當我分散對手注意力時，他們就可以小心謹慎地潑掉自己酒杯裡的酒。特別是在這場挑戰中，切忌狼吞虎嚥，要讓自己的胃口漸漸打開，只有這樣酒才會和食物相融，而不會讓酒精沖昏了頭。接著，我還要求他們吃一盤核桃，因為它們能夠中和、消除體內的酒精。

所以，無論是精神上還是身體上，我們都團結一致，一同出現在了利特爾的餐廳。

那時候牙買加人已經恭候我們多時。沒多久，晚宴開始了：一大塊烤牛肉、一隻烤火雞、煮熟的蔬菜、鮮嫩的捲心菜，附帶著沙拉和果醬餅。

我們剛開始是用法國的方式喝酒。宴會剛開始時，酒就端到了桌上，全是一等的紅酒，但法國的卻比這貴得多。由於短時間來了很多新菜色，所以大部分銷量都不是很好。

維爾金森先生是個熱情好客的東道主，讓我們隨意吃，而且爲我們做了示範；他的朋友已經完全淪陷在這些食物中了，一直都很沉默，用眼角瞥著我們，咧著嘴暗自竊笑。

我爲我的兩個朋友感到高興：儘管馬修食量很大，但此時此刻他卻與挑食的婦女無異，不停地撥弄著菜餚；費爾則已經迅速地倒掉了酒。至於我，一直都是溫文爾雅地應付著兩個英國人。隨著晚宴的進行，我越發自信起來。喝完紅酒後我們開始喝馬德拉酒，那酒我們喝得很少，不敢囂張。

之後，像奶油、起士、可可、山核桃這些餐後甜點都一一被端上桌。到了乾杯的時刻，我們爲帝國的繁榮、人民的自由、漂亮的姑娘肆無忌憚地舉杯痛飲，喝得酣暢淋漓。我們也爲維爾金森先生的女兒瑪利亞乾杯，他跟我們說他女兒的美麗在牙買加可以算得上獨一無二。

繼葡萄酒之後，像蘭姆酒（Ram）、白蘭地、威士忌、黑莓白蘭地這些烈酒都被端上餐桌，我們的體溫急遽升高。我對這些烈酒無可奈何，於是要了賓治酒。酒館的老闆利特爾專程爲我送來了一個大碗，這是我在法國從未見過的，它盛四十個人喝的酒都綽綽有餘。毋庸置疑，他們之前就串通好了。

不過我很快地又重拾信心，在吃完五、六片奶油吐司後，體力也逐漸恢復。我看了看周圍的人們，還怕這件事無法如預期般的結束。我的兩個朋友還沒有喝醉，他們在喝酒的時候吃了很多核桃。維爾金森先生已經面色緋紅，眼神中全是憂愁，頭髮也亂糟糟的。再看看他的朋友，還是一如既往的不苟言笑，不過頭上正冒著熱氣，就像是水沸騰了一般，嘴巴噘得和雞屁股沒有分別。我彷彿已經預見了他們的失敗。

不出我所料，維爾金森先生忽然手舞足蹈，不停地唱著〈保衛大不列顛〉，他們的官方國歌並不是這首。才唱了幾句聲音就沒了，之後他無力地向椅子倒去，順勢倒在桌子底下。他的朋友看到這種情形不禁捧腹大笑，本想彎腰去扶他，殊不知自己也無力地倒在他旁邊。

這件事發生得比我預料的更加令人高興，我也不再擔憂了。我馬上拉響門鈴，利特爾來了。我正式地說道：「這些紳士是罪有應得。」我向他敬了一杯酒。沒過多久侍者趕到，在他的協助下，我們將他們拖了出來，最後終於將他們安頓好。維爾金森先生一刻都不停歇地唱著〈保衛大不列顛〉，他的朋友則已酩酊大醉，不省人事了。

第二天清晨，紐約的報紙就將昨天晚上發生的一切一字不漏地刊登出來，不僅如此，各大報紙上都有報導。我看到有英國人因爲昨晚的宴會而臥病在床，就去探望他們。那位夥伴因爲患有重度消化不良症，進而導致全身麻木；維爾金森先生在這場戰中患上痛風，只能依靠輪椅度過餘生。他也應該看到了這些新聞，事後他對我說：「令人敬重的先生，你確實是個値得交往的朋友，可是在我們看來，你的酒量未免也太大了！」

迷惑的教授，戰敗的將軍

幾年前，我在一篇文章中看到了有關一種新型香水的介紹，主要香調是「忘憂草」，也可以稱作「萱草」。它是一種圓形植物，儘管香味不同於茉莉花香，但一樣令人心曠神怡。

我天生就有探索的好奇心，並且非常鍾愛旅遊。因爲這兩個原因的誘惑，我出發去了巴黎近郊的聖日爾曼，只爲了尋覓那種香氣。根據土耳其人的傳言，那種香味是清香撲鼻、十分宜人的。

在一個什麼都不缺的臨時藥店裡，有一個用紙包裝、上面寫著內含兩盎司「稀世水晶」字樣的小盒子。他們把那個小盒子遞給我這個業餘愛好者，而我則用三法郎作爲酬謝。而這都是爲了配合阿薩伊補償法（M. Azaïs），因爲它的適用範圍正不斷地擴大。

一般人通常會當場拆開包裝、掀開蓋子，嗅聞它的香氣，但假如那麼做了，只能說明你不夠專業。因此，我拿到之後決定先回住處，然後再細細品味。我回到家中，滿懷高興地在沙發上坐了很長時間，接著就開始進行我的感官享受。

我將香料盒從口袋裡掏出來，打開包裝紙，看見了三本小冊子，全都是介紹忘憂草的，有它的生長過程及這種香料製成的藥劑、化爲洗手間必需品的方法，此外，它還可以添加到飯桌上香氣四溢的酒和霜淇淋中。我認眞地將每一項介紹都閱讀完畢，只有這樣才會讓我覺得物有所値，更是爲了正確品味這大自然的恩賜。

接著，我懷著敬意打開盒子，希望裡面全都是香錠。不過，天哪！希望變成了失望。上面一層是我剛才仔細研讀的三本小冊子，下面的東西，在之後回想起來極有可能是兩打我在赫赫有名的巴黎郊外尋覓的小藥片。

我首先聞了一下，不可否認它確實芳香濃郁，不過這也讓我追悔莫及。因爲單從外表看來，它們只有爲數不多的幾顆。實際上，我內心的疑惑正不斷加深著。

之後，我起身準備將它退還店主並拿回我的錢，但在此時我看見杯中自己的倒影，滿頭亂髮的我居然還嘲諷別人太過心急！我坐下來，花費了很長的時間平復內心的氣憤。

我沒有追究此事是因爲還有另一層顧慮。芳香劑畢竟是藥劑師的工作範疇，而我結識那位非常沉穩理智並且備受矚目的朋友還不到四天。

親愛的讀者，來享受一下這段軼事帶給你的樂趣。今天我會以故事爲主（一八二五年六月十七日），上帝庇佑我，希望這故事是有百益而無一害的：

一天上午，我去拜訪朋友，和我同鄉、鼎鼎大名的邦威耶將軍。我察覺到他在房間裡不停走動，情緒很不穩定，手裡拿著亂成一團的手稿，我猜想是詩詞。

「你看看這個，」他說完話，把手稿交給我，「告訴我你的想法。遇到這種事，你會有自己的評判標準。」我接過來快速地瀏覽一遍，令我詫異的是那是張藥單，所以此時此刻我是以一名藥劑師，而不是詩人的身分爲他提供協助。

我一邊說一邊將單子交還給他：「我的朋友，實際上，你也知道你自己的身體狀況不夠好，那件有釦子的衣服配上三枚勳章外加帶帽章的帽子，都只會令你更加苦不堪言，而且你將無法很快痊癒！」他粗魯地說道：「你別亂開玩笑說，這種事可不是鬧著玩的，你要從我的角度感受我的痛苦，我已經命令侍從去邀請他了，馬上就會到，現在你的幫助和鼓勵才是最重要的。」

他才剛說完，門就被推開了，一位衣著華貴的男子迎面而來，大概四、五十歲，身材高大。儘管他不苟言笑，但是那帶有嘲弄意味、向上翹的嘴角還是讓他的嚴肅變調了。他經過房間來到火爐旁，並沒有坐下。值得慶幸的是我聽到了他們之間的對話，而且一直都沒有忘記：

將軍：先生，實際上，你給我的藥單眞的是藥材商所開的嗎？而且……

黑衣男子：先生，我不是扮演藥師的角色。

將軍：感謝上帝，那麼先生，您是從事什麼工作的呢？

男子：先生，我是「藥劑師」。

將軍：那太好了，我想您的孩子也一定跟您說過……

男子：先生，我無子無女。

將軍：那麼那個年輕人跟您是什麼關係？

男子：他是我的得意門生。

將軍：先生，事實上我想說您開的藥材……

男子：先生，我沒有賣過「藥材」。

將軍：那您是賣什麼的？

男子：先生，我賣藥。

對話到此爲止，沒有再繼續，將軍爲自己的語法錯誤之多羞紅了臉，他在說關於藥劑的專業術語時竟出了那麼多錯！他低下頭，也不記得自己本來應該說些什麼，只是分文不少地買了單。

美味的鱔魚

以前，有個名叫布賴蓋特的人生活在巴黎的安坦大街，他曾經是位馬夫，後來成了馬商，並且賺了很多錢。

他是在塔里修那麼小的地方出生的，臨終時也一直生活在那裡。他與一位廚師結婚，可謂門當戶對，而那名廚師在舍弗南小姐的公司工作，這間公司在巴黎享有盛名。他從來不會讓機會平白無故地流失，發現商機就會立即行動。一七九一年下半年，他們夫婦倆就一直生活在故鄉的村莊裡。

那時，爲了傳道、討論有關教會的事，各個地方的神父每個月都會來一次，每個人依次宴請神父。一般大彌撒過後就是商討，最後是晚宴。

我們將這件事稱作「聚會」，神父根據計畫來決定接下來他要去誰的家。在一般情況下，須事先將所有事安排好，以便招待教友們。

這次輪到轄區的神父置辦晚宴，恰好有人送了他一條塞納河畔捕撈到的鱔魚，這條鱔魚是上等品，足足有三英尺長。

他很高興得到一條如此好的魚，但神父擔心自己的廚師還沒有足夠的水準料理牠，於是他邀請了布賴蓋特夫人。他不僅對她精湛的手藝大肆讚揚了一番，還說大主教的來臨使他覺得萬分榮幸，而論其目的都是爲了讓布賴蓋特夫人幫他的忙。

夫人的性格溫婉，因此也沒有推辭，說她很樂意照著他的要求去做。她有一個小盒子，裡面裝的都是一些稀有的調味料，這些東西都是她還沒有去舍弗南小姐的公司前使用的。她小心、仔細地烹調鱔魚，按照神父的要求，使牠保持完好無損。香氣四溢的鱔魚美味得難以言表，一會兒功夫鱔魚就被吃光了，從裡到外，一點都沒剩下。

吃完鱔魚後，他們開始享用餐後甜點，神父們在這個時候開始互相交流。或許就現在而言，與精神信仰相比，物質信仰更加重要。他們的故事非常幽默風趣，有些人說著大學時搞笑的事，有些人悄悄地說一些醜聞。總而言之，整個談話演變成了密切交流，儘管有些邪惡，不過更出乎意料的是他們並沒有罪惡感，無意中就胡言亂語起來。

那天直到很晚他們才離去，在我個人的回憶錄中，已經找不到更多關於那天話題的細節，不過在下一次聚會時，他們因自己之前說過那些話而羞愧萬分，並竭盡全力爲自己的邪惡開脫。他們把鱔魚當成是整件事的始作俑者，但並沒有否認牠的美味，畢竟懷疑布賴蓋特夫人的機智聰穎是不禮貌的。

我之前費盡心思想去了解那些調味料究竟是何物，爲什麼會有那麼奇妙的效果，讓每個人都很亢奮，不過最後卻一無所獲。事實上，從來沒有人說過調味料具有負面作用，於是我就更加好奇了。

後來，這位廚師兼藝術家說那是豐富的小龍蝦甜椒汁所導致的結果，不過我保證她是在說謊。

蘆筍

貝萊地區的主教科特瓦・德・昆西先生有天忽然和我們說，他發現他的菜園裡有大量的蘆筍。於是大家立刻跑去驗證他的說法，在主教的「宮殿」裡，眾人都覺得不再無所事事。

看起來並不誇張，也沒有以訛傳訛，因爲這叢植物已經掙脫了地面的束縛。它的頭呈圓形，非常有光澤，並且還有菱形的花紋點綴著，一排一排地錯落有致，數量相當多，就算是一隻大手也無法將它全部攏起。

眾人對此一園藝景觀嘆爲觀止，一致覺得最好的方法莫過於將它們從根部砍下來。當然，這個神聖的任務只能由主教大人完成，爲此還命令當時的刀匠煉製了一把專用的刀。

之後的日子裡，蘆筍越發光彩照人、優雅高貴，儘管生長的速度不是很快，但卻從來沒有停止生長的步伐，沒多久就露出了白色的部分。之所以會如此，是因爲這種蔬菜長了一段時間後，就會自發地生出可以吃的果實。

收穫的季節很快就到了，爲了配合它，人們還特意準備了豐盛的晚宴。等到主教大人用完餐、散完步，這項神聖的工作才正式開始。

主教大人拿著特製的刀走上前去，莊重地彎下腰，將這株引人注目的植物沿根部切斷。此時此刻，主教的手下都不亦樂乎地想觀察它的纖維結構。

不過太讓人吃驚了！眞的是大失所望！那位卓越的主教攤開雙手，手中一無所有……這叢蘆筍竟是由木頭製成的，這個玩笑開得有點過分了。聖克勞德的卡農．羅塞特是它的創造者，他是位手藝高超的工匠，繪製的畫也是一流的。

這株假植物經過他的巧手，可說是以假亂眞。他趁人不注意的時候將之埋到了菜園，並且爲了製造出蘆筍生長的假象，每天都會在之前的基礎上再增加一點。

主教大人迷惑不解的是他爲什麼要弄得如此神祕（此刻也依舊神祕），所有在場的人也同樣抑制不住內心的好奇。工匠微笑過後，接著聽見的是他河馬式的狂笑。由於眾人並沒有堅持追問，開這個玩笑的人最後沒有受到任何批評就欣然離去。不過在那天晚上，這叢蘆筍的確是集萬千寵愛於一身了。

陷阱

朗雅客爵士成爲家族財產的繼承人，這一消息很快就傳開了，這位年輕富裕的男子一躍而成人們關注的焦點。

他安排好一切就向里昂出發，憑著些許政府的津貼補助，過著上層社會的愜意生活。根據經驗，他深明中庸之道。

儘管還是有很多女士討好他，但是他從來不主動向女子搭訕。他經常與女士們玩牌和其他各種遊戲，不過從來不涉及金錢，他的冷言寡語讓女士們非常失望。

但美食主義讓他重拾了已經拋諸腦後的愛好，傳聞他之前從事的就是美食相關工作，並且頗富盛名，邀請他的人源源不斷。

里昂是座極具幸福感的城市，地大物博，有著名的波爾多、艾米達吉（Hermitage）、勃艮第葡萄酒。四周的小山丘則有許多娛樂節目受到大眾歡迎，日內瓦湖和布林歇湖中更養育出名聞遐邇的魚。這裡的布雷斯雞（Bresse Chicken）總令那些業餘愛好者流連忘返，里昂的消費者是最多的。

而鎮上最好的餐桌旁總少不了朗雅客爵士的身影，他與一位富裕的銀行家、同時也是一位卓越的玩家來往非常密切，爵士和他在中學時就建立了深厚的友誼。不過有些喜歡說閒言碎語的人（那裡的人幾乎都是），卻覺得最大的功臣是那位先生的廚房。廚房的管理者是一位名叫拉米爾的精明學生，那時候，他在當地已算得上是赫赫有名的廚師了。

一七八〇年，冬天接近尾聲時，那位先生給朗雅客爵士寫了一封信，信裡說十天過後他會舉辦一場晚宴，希望爵士可以賞臉參加（那時晚宴依然相當盛行）。我的個人回憶錄中還記錄了他接到邀請後喜不自勝的神情，他認為那時一定會有盛大的儀式和品質一流的晚宴。

當天下午四點，他準時赴約，等他抵達的時候，客人們都已經就坐了，賓客有十個人，每個人都欣喜若狂，歡欣鼓舞。那時「美食家」這個詞還沒有從希臘傳入，所以被使用的次數也是少之又少。沒多久，珍饈美味都被端了上來，有大塊烤牛排、調味豐富的原汁雞塊、讓人欲罷不能的小牛排、烹製的鯉魚也是恰到好處。

桌上所有的食物都無可挑剔，美味得難以言喻。因為得到了如此的禮遇，爵士心中燃起了希望之火。不過有一事讓他迷惑不解：這些客人以前食欲都很好，可是今天卻吃得很少或者一點都不吃。有人頭暈、有人感冒、有人很久之後才開始吃，每個人都有自己的問題。

面對這種情況，爵士百思不得其解，一晚上居然有這麼多人與晚宴格格不入，一定要改善這種情況。他覺得作為扭轉局面的人，自己責無旁貸，所以他邁出了勇敢的一步，拿起刀叉痛快地吃起來。

當第二道菜上桌時，他也毫不猶豫。一隻克雷米（Crémiem）火雞和一條藍色的狗魚相得益彰，還上了六盤配菜點綴在周圍，最引人注目的莫過於起士通心粉。

看著眼前這些美味，爵士覺得自己食欲大增，但是其他客人依舊萎靡不振。他喝了點酒醒腦，接二連三地與他們乾杯，並且吃了很多狗魚與火雞肉。在那些精神處於低谷的客人面前，他洋洋自得。周邊的配菜也受到了青睞，爵士依舊興致勃勃地吃著，只是因爲甜點對他沒有任何吸引力，否則桌上連起士和馬德拉酒都不會剩。

直到現在，爵士心中的三個疑惑一直沒有獲得解答：第一，晚宴竟如此豐盛；第二，只有他一個人大快朵頤；第三，上菜的順序有些反常。之後，僕人們停止上菜，並且將桌上的東西都撤了下去，亞麻布和碟子也拿走了，取而代之的是新的餐具，並且重新端上四盤新的主菜，香味四溢，令人垂涎欲滴。

這四盤菜有用小龍蝦汁調配的甜麵包、柔嫩的松露、奪目的脆皮狗魚、撒上栗子與起士的鵪鶉翅。爵士完全被這些美味吸引，可是面對這一切卻無能爲力，因爲他已吃不下這些美食了。這讓人想起古代阿里奧斯托的老魔術師，他用粗魯的方式霸占了少女阿米達，但是卻不能欺凌她。爵士開始覺得主人居心不良。

就在此時，其他客人卻神采奕奕、胃口大開，不僅沒有了頭痛的症狀，嘴巴還張得像口鐘一樣。他們和爵士互換了角色，開始與萎靡不振的爵士乾杯。但即使如此，爵士也不覺得尷尬，他已做好被暴風雨洗禮的準備。不過當他吃到第三口菜時，肚子就開始感到疼痛，他竭盡全力讓自己淡定以堅持下去，希望以音樂來緩解心中的不安。

再來看看第三次換菜時爵士有什麼反應吧！幾十隻含有白嫩油脂的鷸被端上餐桌，還有形狀各異的土司、從塞納河邊抓到的野雞、美味的金槍魚、餡餅和一些配菜——這些都是他平時不能嘗味到的佳餚。他思量了好長時間，依舊靠在椅子上掙扎，但卻是白費力氣，他感覺自己處於就要在戰場上爲國捐軀的境況。他最初的想法是自己做這件事正確與否，不過沒過多久，自我主義就占據了他的大腦，他沉浸在小心翼翼的思緒之中。

爵士覺得面對這樣的事情，謹慎並不代表自己無能，假如因爲消化不良而丟了性命，簡直就是貽笑大方，以後肯定有機會把今天失去的都拿回來。於是，他毫不猶豫地扔下紙巾向銀行家說道：「先生，出於禮貌我不應該指責你，但你欺騙了我，我希望以後不會再見到你。」說完他毅然決然地離開了餐桌。

他的離去並未讓人覺得詫異，毫無疑問這些都是事先安排好的，大家心知肚明，就是要讓爵士感受那種面對珍饈美味卻不能品嘗的痛苦。不過爵士還是非常生氣，至少比我們想像中的時間還要長。他應該沉穩一點，抑制住心中的怒火。最後，當比卡絲鶯被端上桌時，他回到了座位；而早在上松露時，他已將方才的不快全拋諸腦後了。

多寶魚

那是一個周末，也是一個安息日，那座名叫維爾克萊恩的小村子裡爭吵聲不斷。也許是這裡不像巴黎那般虔誠的緣故，在烹製多寶魚時發生了小插曲。

傳聞那條魚是在深水中捕到的，是爲宴請我們這些好朋友而特意準備的。魚又肥又嫩，可想而知一定也很美味。可是就因爲牠太大了，所以無法找到一個適合的容器，烹飪也極其不便。

丈夫說：「我們將牠切成兩半就可以了。」妻子說：「我們怎麼可以對沒有反抗之力的生命痛下殺手呢？」「親愛的，妳知道這也是迫於無奈呀！我們只能這樣做，沒關係，把刀遞過來，馬上就好了。」「親愛的，我們的時間很充裕，還是等等吧！再說，我堂兄就要過來了，他是教授，一定會有更好的解決方法。」「難道我們要跟他說：『教授，麻煩您來幫助我們一下！』」實際上他並不相信那位教授，而我就是那個他不信任的人。但幸虧我及時出現，拯救了這條魚，讓牠免於被用亞歷山大的方式切成兩半。

通常經過旅途奔波，我的胃口就會變大，所以聞到魚香後，我更加垂涎欲滴。等到晚上七點多時，大家都以爲可以馬上享用美味的多寶魚。

等我抵達時，原以爲大家會互相寒暄，結果證明一切都只是想像，沒有一個人說話。也許是我的問候太過平常，以致大家都忽略了。

但是一會兒後，人們就像是在唱二重奏那樣紛紛道出心中的疑問，再以安靜和諧爲這一演奏畫上了句點。溫文爾雅的堂妹目不轉睛地看著我，彷彿在跟我說「我相信你」，她丈夫臉上露出了桀驁不馴的神情，好像他知道我一定不可能找到合理的解決方法，這時他已準備好要切魚。接著我用渾厚且神祕的口氣，語重心長地說：「這條多寶魚大可不必切成兩半，直到牠煮熟的那一刻都會完好無缺。」兩個人臉上的好奇取代了之前的神情。

我堅信自己一定能夠做得到，因爲就算找不到解決辦法，我還可以將牠放到烤箱裡，這並不困難。那一刻我淡定自若，一言不發地在廚房忙碌著。現在我是焦點，堂妹和堂妹夫扮演著隨從的角色聽候我的吩咐，僕人們對我也不敢有絲毫的怠慢，廚師都來提供協助。

我在前面兩個房間裡沒有找到我想要的東西，可是當我來到碟碗炊具室時，所有的目光都被一塊銅板吸引過去。銅板體積不大，但卻被安穩地放在火爐上。我馬上發現了它的用處，轉過身信心滿滿地說：「安心吧！多寶魚一定會完整出爐的，因爲可以蒸煮牠，我們現在馬上動手吧！」

儘管晚飯時間已到，但是大家卻積極主動地加入我的工作行列，幫忙將火燃了起來。我將可以容納五十個瓶子的籮筐改造成圍欄，和魚的大小一樣。接著在圍欄上鋪一層樹根和香草，再把洗乾淨、擦乾、醃好的大魚放在上面，並撒上一層調味料。之後將圍欄和食材鋪到銅板上，在銅板內加了一些水，並用一個浴盆將其覆蓋，四周都用沙子環繞，這樣蒸汽就不會太快外散。沒過多久水就沸騰了，浴盆裡瀰漫著蒸氣，半個小時後蒸氣會被排出來。如此反覆下去，同時將圍欄從銅板上取下來，讓多寶魚兩面都可以蒸熟，而且又白又嫩。

前置工作完成後，我們在餐桌前就座。時間已經不早了，再加上剛剛經過一番活動，胃口變得更大。似乎又過了很久，我們的內心開始愉悅起來，就像荷馬所說的：「美味可口的食物將饑餓一掃而空。」

晚宴時，貴賓們還未全部到齊，多寶魚就已經被端上餐桌，每個人都因牠的完好無損而感到詫異。接著，主人開始滔滔不絕地向別人介紹那匪夷所思的獨特烹製方法，大家對我想出的料理方式讚不絕口。仔細品嘗後，每個人都被魚的味道吸引，其美味是普通魚鍋無法烹製出來的。

由於在烹調的過程中，沒有將魚放在水中浸泡，不但完整地保留其營養成分，還融入了調味料的味道，以致眾人皆為其美味傾倒。

此時，人們的讚美之詞不絕於耳，大家都用自己的行為表達內心的讚美之情。我能察覺出拉巴斯將軍心中的極度滿意，每一口他都覺得非常享受。神父坐在位置上發呆，仰著脖子、目不轉睛地盯著天花板。有兩個學者是我的朋友，他們是名副其實的美食家。一位頗負盛名的作家奧格先生，他的眼神光芒四射，精神抖擻；另一位是威廉曼，他靜坐在那裡，就像是一名聽眾，低著頭、斜著下巴，全神貫注地聽大家聊天。

只要是我們能想到的，都有將其付諸行動的價值，因為任何一個農家都不缺少我烹製魚的那套工具。在遇到一些奇形怪狀或者是體積較大的食物時，都可以隨時隨地拿起那些工具來料理。我想讀者應該不知道，在這一次勇敢的試驗後，我決定將這一做法傳承下去，讓更多的人能夠享用。

蒸氣的作用可說人盡皆知，它的溫度和它產生的液體溫度沒有差別，密度與溫度之間成正比，密度增大，溫度就會上升。只要保證它不擴散到別的地方，溫度就不會受到影響。在實驗中，想找更大的蓋子也是輕而易舉的事。舉例來說，用一個較大的空桶取而代之，蒸氣依舊可以發揮作用，快速又簡便地將牠煮熟。你可以挑選幾塊馬鈴薯或是形狀各異的根莖類植物，將其放到圍欄中用桶子蓋住，人食用的或是家畜吃的都可以煮熟，並且所花的時間和燃料都更節省。

我推薦人們都用這種既簡便又實用的裝置，不管是在城裡還是鄉下，只要家裡有銅板就可以利用。正因如此，我才竭盡全力地將它說得通俗易懂，希望大家都可以嘗試一下。

布雷斯雞

那是一八二五年的星期一早晨，年輕的弗西先生和他的新婚妻子穿上正式的禮服，應邀參加牡蠣早餐。讀者在後文中就會了解其中的緣由。

這頓宴會眞是讓人欲罷不能，無論是美味的菜餚還是輕鬆的氣氛，全都無可挑剔。但即使如此還是有些遺憾，因爲他們沒能繼續自己的其他行程。

以下就是當時的場景：正餐開始後，這對夫婦坐到了餐桌旁，不過這只是個形式，女士喝了一大口湯，男士喝了一杯啤酒和水。朋友們進來後就開始玩起了惠斯特牌。而天色漸暗時，這對夫婦已經進入了夢鄉。

弗西先生在半夜兩點的時候醒了，他打了個哈欠，翻來覆去。妻子警覺性很高，擔憂地問他是不是身體不舒服。「親愛的，不用擔心，我只是有點餓，那隻布雷斯雞出現在我的夢裡了，就是我們晚餐沒吃到的那隻。」「親愛的，說實話我也很餓，既然那隻雞出現在你夢裡，我們就叫人送過來吧！」「胡說，屋子裡的人都休息了，明天他們要是知道的話會笑我們的。」「就算屋子裡的人都休息了，我們也應該叫醒他們，這件事不會被別人知道的，所以我們也不會被人們恥笑。除此之外，假如我們從現在餓到明天早上，萬一餓死了怎麼辦？我也不想我的生命就此結束，我要按鈴讓賈斯汀送來。」

弗西太太剛說完，賈斯汀就被無情的鈴聲吵醒了。她晚餐吃得很豐盛，和其他人一樣早就進入了夢鄉。小姑娘十九歲，正是集萬千寵愛於一身而不會被打擾的年紀，她慵懶地起了床，睡眼惺忪，坐在那裡伸了很長時間的懶腰，打了很長時間的呵欠。

叫醒賈斯汀輕而易舉地就辦到了，不過叫醒廚娘可比她想像中難得多，事實也確實如此。由於廚娘是藍帶廚師，而且脾氣有點急躁，她很氣憤，嘴裡不停地碎唸，心不甘、情不願地大吼了幾聲，又不停地埋怨。但最終她不得不移動那健壯的身軀從床上爬下來。

此時，弗西夫人以最快的速度穿好內衣，弗西先生也收拾了一番。賈斯汀在床上鋪好布後，將一些不可或缺的輔助物品擺好，爲接下來的宵夜做好充足準備。當所有的東西都準備妥當，雞也被端了上來。夫婦倆迫不及待地把牠撕開，饑不擇食地大口吃起來。接著，這對夫婦還吃了一個很大的聖日爾曼梨，並享用些許橘子醬。不僅如此，他們還喝完一瓶法國白酒，只剩下瓶底，並且用不同的語氣反覆說著第一次吃得這麼暢快。酒足飯飽後，饗宴也將要結束，世上每件事物都必須遵循這一規律。賈斯汀把這些罪證全都收拾完又回去睡覺，夫婦倆的窗簾把他們的歡樂隱藏了起來。

第二天，弗西夫人去她朋友弗蘭瓦爾夫人那裡，仔細地說明了昨天晚上所發生的事，但是這位女士說得太過草率，整件事很快就傳得人盡皆知。她反覆申明，直到弗西用咳嗽聲打斷了她的話語，場面非常尷尬，夫婦二人也備感羞愧。

雉雞

雉雞對每個人來說都是個未知數，當然除了剛開始發現牠們的人。我想能領悟到雉雞所有優點的人也只有他們了。

每種食物都有食用它的特定時間。有些在沒有完全成熟的時候食用是最好不過的，像刺山果花蕾、蘆筍、鷓鴣、乳鴿等；有的則必須等它們完全成熟了才能吃，像甜瓜、大部分的水果、羊肉、牛肉、鹿肉、紅鷓鴣；有的則是在它分解變質的時候吃，才算得上人間極品，像枸杞、鷸鳥，尤其是雉雞。

要想品味到最後一種鳥的美味，那麼在牠死後的三天內最好不要吃。因爲，那個時候牠的肉香與鷓鴣是不能相提並論的，而且和其他的家禽相比，牠的香甜鮮美仍遜色許多。若想要獵物和野味的口感佳，前提就是烹飪時間要把握得恰到好處，唯有這樣肉質才會鮮嫩可口。

雉雞食用的最好時間就是開始腐爛的時候，牠的香味才得以在一種油的協助下發揮出來。這種油的產生需要經過長時間醞釀，比如說咖啡，只有將之加熱才可以產生咖啡油。

當鳥散發出一絲臭味，且鳥的腹部顏色開始發生變化，這就意味著到了烹煮牠的絕佳時間。不過能夠根據經驗而得出結論的人微乎其微，舉例來說，當廚藝高超的廚師碰到這種事情時，究竟應該馬上烹製還是隔一段時間再料理，他們都能準確無誤地判斷。

當烹製雉雞的絕佳時機到了，只需再稍待片刻就可以把牠撕開，去毛，接著認眞地在牠身上抹上最新鮮、最純正的豬油。

要注意的是，去毛必須把握好時機。眞實可靠的研究調查表示，與帶毛的雉雞相比，去毛的雉雞味道就會遜色很多。之所以會如此，有可能是因爲受空氣氧化的原因，使得自身的味道流失，也有可能是因爲體內那些使得羽翼豐滿的水分又再次流入體內，所以肉才更加香甜可口。

去完毛、抹完豬油後，就應該放塡充物了，以下是具體的操作步驟：

準備好一塊無骨的山鷸，將內臟和肝拿出來擱置一旁，接著把山鷸肉和蒸好的牛肉骨髓一同切碎，將切好的小塊醃肉、胡椒、鹽、香草和數量充足的松露一同放進去，將整隻雉雞都塡滿。

塡充食物的時候切記要認眞細心，否則塡充物就會漏出來。因爲烹飪的時間不短，所以這件事比想像中難上很多，不過這並不代表沒有解決的方法。舉例來說，可以在開口處放一塊麵包皮，接著用線縫起來，就可以防止它們漏出來了。

而下方應該放一塊比整隻雉雞寬約兩英寸的麵包片，將山鷸肝、內臟和兩塊塡充物、一條鳳尾魚、一小塊豬油和鮮奶油放在一起搗碎，接著再將它塗抹在麵包上，一定要保證均勻，然後放到我們前文說的雉雞下面。只要這樣，烘烤時的雉雞肉汁就會流出來，滲透其中。

烹飪的時候，要烤麵包也可以完全將雉雞墊起來，並在四周放上苦橘，完全不用顧忌會有任何不良的影響。

享用這種雉雞時最不可或缺的就是勃艮第葡萄酒，但這並不是根據研究數據所得知，而是在我長期的觀察判斷後才得出此結論。

假如這是上古時代，天使可以盡情地在人間散步，祂們完全可以享受雉雞這道美味。

不對不對，我在說什麼呢？事情早就到了那種地步。我曾親眼看見皮卡德男爵自己做好了一隻塞有塡充物的雉雞，還取名叫「拉格朗日城堡」，我那位魅力十足的朋友維爾普蘭女士就生活在那裡。他的管家邁著肅穆且莊嚴的步伐將牠端到了桌上，大家都仔細地打量著，就像是在觀賞埃爾博女士的帽子，整間餐廳瀰漫著濃郁的香味。女士們的眼睛大大地睜著，嘴角勾勒出珊瑚色的紅光，臉上還洋溢著笑容。

事情遠不止這些。我還曾用這道菜來招待最高法院的法官們，他們很清楚什麼時間可以不用穿評議會的制服。我簡潔明瞭地告訴他們，自然界恩賜給法官快樂，以此來彌補他們管理事務的勞累。在認眞地核實後，主席嚴肅地宣告：「太棒了！」所有人用鞠躬的方式來表達出內心毫無異議，判決全數通過。

我發現，經過一番沉穩的思考後，那些看起來肅穆的人的鼻子，顯而易見因爲嗅覺的缺陷而坐立不安，他們的眉毛受到了靜謐祥和的影響而閃動著光芒，嘴巴的每個地方都在運動，就像是要製造一個微笑。

說到世界中的其他事物，只有自然界才會被這種令人詫異的事物所影響。以之前所說的食譜中雉雞的製作方法爲例，它的魅力並不是來自於燒烤的豬油汁的作用，反倒是因爲它將山鷸和塡充物所散發的香氣都融合在一起，並且還受到烤麵包味道的薰陶，配料豐富多樣。除此之外，雉雞在三種燒烤方式的作用下所滲透出來的肉汁，作用相當奇妙。

所以，這道菜最眞實的內涵就是把好東西都結合在一起，讓每個分子充分地融入，每一方面的作用都不能掉以輕心——我把這看作是餐桌上永恆不變的眞理。

流亡者的美食大業

在我看來，法國所有的少女都是在講法語的時候就學會了做飯。

——歌劇《貝爾・阿森》（LA BELLE ARSÈNE），第三幕

在前文中，我論述了在一八一五年非比尋常的環境下，法國從美食主義獲得了哪些收穫。在那些背井離鄉的人心中，民族的熱情對他們依舊價值不菲。他們之中有的人追求能自我豐富的藝術稟賦，對他們而言，這種稟賦有很高的價值，值得借鑒。

我那時生活在波士頓，傳授了一間餐館的老闆朱利恩如何製作起士煎蛋捲。在美國人眼中，這是一道新穎的菜餚，並且盛行一時。朱利恩獲得我的幫助後，從紐約帶回一隻狍子，那是冬天在加拿大捕獲的。

一七九四年至一七九五年間，克利上尉是我知道的第二個在紐約致富的人，那時他在貿易區工作，爲人們製作霜淇淋。女士們對這種魅力十足的味道情有獨鍾，在她們眼裡，最愜意的事莫過於吃霜淇淋時扮鬼臉。她們很好奇爲什麼在攝氏三十度的時候，還有一種東西依舊如此清涼。

我回憶起了在科隆時，結識了一位布列塔尼紳士，他是酒店的經營者，生活舒適安逸。我還依稀記得與此類似的例子，不過說到底，我想這是最特殊的一個。有個法國人掌握了製作混合沙拉的祕訣，所以他在倫敦賺了很多錢。

在我的記憶中，他來自利穆贊，名叫達比尼克。有一次，儘管他的生活貧困潦倒，卻仍要去最上等的倫敦酒店用餐。因爲對他而言，假如菜餚很美味，一盤就可以得到滿足。

有一個年輕的男子，一看就知道是上流社會的紈絝子弟，在他鄰桌用餐。當他剛吃完一盤肉汁豐富的烤牛肉，年輕人就起身來到他的身邊，尊敬地說道：「這位法國先生，據說你們法國人在調製沙拉方面有很深的造詣。您能否給個面子，爲我和我的朋友製作一份呢？」

達比尼克思考片刻後答應了，接著拿來一些必不可少的配料，全心地投入其中。而努力終有回報，他的傑作博得了在座眾人的讚美。

在調製配料的過程中，他眞誠地向人們說出了自己的遭遇。他說自己是個被流放的人，被迫遠離祖國，並且還向大家坦誠道出他現在的生活來源就是英國政府的救濟金，沒有因此而感到羞愧難當。

說到熱淚盈眶的時候，一個年輕人不假思索地拿出了五英鎊遞給他。一番推辭後，他沒有再拒絕。

他告訴了他們他的住處，沒過多久，他就收到了一封出乎意料的信，信中用相當委婉謙和的話語盛情邀請他參觀格洛維諾廣場最著名的大廈，與此同時還請他在那裡調製沙拉。

達比尼克開始感受到了一種無窮無盡的力量，他毫不猶豫地接受邀請，按照時間到達了約會地點，並且還準備許多新穎的配料。他希望自己的技術可以得到更多人讚賞，一定要做到無可挑剔。

他開始規畫第二件出色的產品，並且取得了成功，而更令人欣喜的是他還獲頒一張獎狀。這次他沒有推辭，而是堂堂正正地接受了。

第一次為那些年輕人調製沙拉的時候，年輕人就說了許多讚美之詞。如今他第二次為這些年輕人調製沙拉，他們對他的手藝依舊是讚不絕口。所以，達比尼克立即名揚千里，成為赫赫有名的沙拉調配師。沒多久，在這個對新穎事物充滿激情的國家，每個人都幾近瘋狂地邀請這位法國紳士為他們調製沙拉。在三個王國的首都裡，所有優雅的上流人士都將它視作一種時尚，紅極一時。這種殷切的需求可以引用一句古人說的話：「在英國女人貪吃的烈焰下，修女們虔誠的熱情也會變得黯淡無光。」

達比尼克睿智聰穎，知道如何把握住人們的熱情，使自己的財富不斷增加。過了一段時間，爲了可以更及時地參加各式活動，他開始使用馬車，並且雇了侍從拿著桃木箱子。此外，他的倉庫中還儲存了許多替代品以備不時之需，像是各種食用醋、含有水果或者不含水果的油、醬油、魚子醬、松露、鳳尾魚、番茄醬、切好的肉等，更讓人驚奇的是還有蛋黃，因爲這會使得用檸檬汁調製的蛋白醬更加獨一無二。

接下來的工作就是親手調製並批量生產、出售。

最後，經過他的認眞籌備，誠信經營，他獲得了八萬多法郎的利潤，搖身一變成爲富翁。之後混亂的時局緩和下來，他拿著這些錢回到法國。

當他再次回到土生土長的地方，看到巴黎的道路時，他已全然沒有了激情，如今的他更注重的是平穩的理財方式。他將六萬法郎投入公眾基金，其中有五萬成爲長期基金，他利用剩餘的兩萬法郎在利穆贊買了一棟合適的房屋。如今，他很有可能依舊在那裡幸福地生活著，因爲他從不放大自己的欲望。

這個故事的所有細節，都是達比尼克的朋友告訴我的。他們在倫敦認識，在達比尼克回到巴黎後，他們很快地又見面了。

有關流亡生活的更多回憶

◆紡織工

一九七四年，我和遠親羅斯滕先生在瑞士流亡。回想過去，我們淡定自若。儘管那片養育我們的土地不斷地殘害我們，但是我們對它的熱愛之情絲毫沒有減退。

雖然到蒙頓安居是事先安排好的，但我始終都無法忘卻當我們到達時，特羅里一家人的友善和熱情款待。

他們在這個村子裡生活了很久，如今已經沒有傳宗接代的人了，家中最後一名男性只生了一個女兒，並且這個女兒沒有生下男孩。

我與一位年輕的法國軍官也是在蒙頓相識的，他找了一份紡織貿易的工作。以下就是他找工作的詳細經過。

他的家境非常好，去孔德的軍隊參軍時，剛好經過蒙頓。坐在他旁邊的是一位長者，他神情肅穆卻充滿活力，可以和畫家筆下的威廉．泰爾（William Tell）相媲美。

吃餐後甜點的時候，他們倆攀談了起來，軍官絲毫沒有要掩飾自己的職位，他旁邊的那位老人對此深感好奇，便開始談論起來。人們都覺得軍官年紀輕輕就去參軍是件遺憾的事，並且還因此失去了很多發展機會。不僅如此，那位老者還和他說了盧梭的名言：「每個人在遭受苦難的時候，都需要一技之長以維持自己的生活，最起碼的生活水準應該要達到，不能忍饑挨餓。」而說到那位長者，他說他從事紡織工作，沒有兒子和女兒，而且很享受自己目前的生活。

之後談話就到此爲止，軍官第二天就離開了，沒過多久，他抵達了孔德軍隊的駐紮地，並得到了賞識。不過根據軍隊和外面的實際情況，可想而知他要再次回到法國幾乎是天方夜譚。過了一段時間，他經歷了許多挫折，按照軍規，他們從軍必須出於自己的熱誠，這也是皇家的規定。但他內心逐漸有部分抗拒戰爭，這讓他感到痛苦。

那位長者的經歷一直在他耳邊揮之不去。多番考慮後，他鼓起勇氣離開部隊，回到蒙頓，竭盡全力找到那位長者，請求他收留自己，讓他學習一技之長。

長者說道：「這麼好的機會，我不會讓它跑走，你就與我一起生活吧！在我眼裡最重要的事莫過於讓你掌握這些知識。你跟我同床睡，因爲只有一張床。你在這裡學習，以一年爲期，之後你自己創業，一個人來管理。在這片土地上，你的工作會受到人們的青睞和賞識，你也可以過著安逸幸福的生活。」

軍官在第二天就投入了工作中，他跟著那位長者學習六個月後，長者聲稱已經將他所有的看家本領都傳授給他，並且說這位軍官肯定會靠他勤奮刻苦學來的技術獲得充足的報酬。也是從那天起，他開始著手創辦屬於自己的事業。

我到蒙頓的時候，這位學有所成的軍官已經賺了很多錢，他的床和織布機都是用這些錢買的。他沉穩踏實、有恆心，因此總是有好事降臨在他身上。城裡的幾個有錢人在商議過後，每周日都有一位邀請他與他們共進晚餐。

每當赴宴時，他就會穿上他的制服，重新回復軍官風範。他不僅聰慧，而且深受人們喜愛，人緣也特別好。不過周一的時候，他又會重回織工的崗位，他對這種變換角色的生活方式游刃有餘，但這並不意味著他不滿意如今的生活。

挨餓的暴食者

我有一個例子，可以與前文提及的創業者形成鮮明對比。

我在洛桑遇到了一位流亡者，他是里昂人，年紀輕輕，身材高大，長相清秀，由於不想工作，他強迫自己一個星期只吃兩頓飯。若不是鎮上一位有錢的商人允許他每周三和周日可以去他的餐館裡免費吃飯，他肯定在這之前就以最優雅的姿態死於饑餓之中。

只要到了被允許的時段，這個流亡者就會到餐館裡大吃大喝一頓，非得吃到快要吐了爲止。按照約定，他在走之前可以拿走一大塊麵包。當然，他每次都沒有忘記。

他盡量避免一些不必要的活動，肚子餓的時候就喝水來緩解饑餓，大多數的時間都是在床上度過。他總是維持著一種說不上舒適，像是在夢境卻又不會昏沉的狀態，就這樣一直持續到他吃下一頓飯的時候。

他照這種方式生活了三個月後，我就遇見了他。儘管沒有疾病纏身，可是整個人卻萎靡不振，倦怠乏力。他面無血色，眉目之間有希波克拉底（Hippocrates）的韻味，在我看來，他是極其痛苦的。

我很佩服他可以忍受這樣的苦難，卻不肯勤奮上進，自力更生。我邀請他來我的餐廳用餐。此時此刻，他用一種令人肅然起敬的方式爲自己的所作所爲尋找各種藉口，不過我並沒有追問到底。因爲在我看來，一個人既然能忍受苦難和饑餓，那麼他必定也能承受工作這樣的疾苦。

銀獅餐館

直到現在，對那些在洛桑的銀獅餐館吃晚餐的日子，我還是記憶猶新。

我們可以品嘗到周邊山上的野味，還有包括從日內瓦湖捕撈的魚在內的三道菜，前提是需要掏出十五巴茲（等同於兩法郎二十五生丁）。我們暢飲著像泉水一般透澈的白酒，經常都喝到酩酊大醉。

桌子上一直放有一本聖母瑪利亞的正典聖經（那裡成了凱勒的專座，我希望她還在人世），前面放著菜單，所有上等的菜餚都囊括其中。

她謙虛地希望我可以坐到她的身旁。不過我還沒有從這種榮耀和卓越中得到滿足，就因各種原因而去了美國。在那裡我有了自己的工作，得到了保護和一份寧靜。

寄居美國

最後，我要以自己的親身經歷來爲本篇畫上句號。經驗告訴我們，這個世界上所有事都有無限的可能性，或許就在我們掉以輕心的時候，苦難和不幸就會讓我們措手不及。

在美國生活三年之後，我準備返回法國。在美國的每一天都舒適安逸，似乎是上帝聽見了我的心聲，實現了我的願望。離開的時候，我內心洶湧澎湃，因爲我發現相對於那個舊世界，我在這個新世界中生活的更加游刃有餘。

我的成功完全可以歸結於以下幾點：自從來到美國的第一天，我就用他們的語言與他們交流，穿衣行事都符合他們的風格，時時刻刻隱藏自己的睿智，對於他們的言行舉止，我學會了褒獎，因此他們也會將這一切回饋於我，我用謙虛和他們的熱情、友好交換。

雖然那個時候美國處於和平狀態，但我還是離開了那片寧靜的大地，作爲上帝創造的兩足動物，我仍然最愛自己的同類。但是，當我經歷了一場憑藉個人力量無法扭轉的變故時，故事只能用悲劇來收場。

我登上了郵船，從紐約前往費城，眾所周知，要使航班不誤點的前提就是有海潮。那時候水流很慢，也就意味著要退潮，所以原則上我們應該出發了，但是卻沒有任何起航的訊號。那艘船上有很多法國人，戈蒂耶先生就是其中一位，照理說他應該生活在巴黎，不過他卻不顧法律限制，將房子建在了財政府的西南角，所以遭受了處罰。

之後我們得知了船延誤的原因：有兩個美國人還未上船。輪船不能起航，但是我們卻要面對退潮的境地，如此一來，我們要多走兩倍的路才能抵達終點站。大海可不會等我們！因此指責聲四起，大多都是法國人，因爲與那些遠離大西洋的居民相比，法國人的火氣更大一些。

就我而言，我不但沒有任何想要抱怨的衝動，而且還在思考我回到法國後將會經歷什麼樣的生活。過了一會兒，撞擊聲傳入了我的耳朵，因爲戈蒂耶揍了一個美國人，他揮的那拳力氣大到可以擊敗一隻犀牛。

這一暴力行爲隨之演變成更加混亂的局面，法國人和美國人都不罷休，用攻擊性話語來回爭吵，之後的辱罵還帶有民族色彩。就差那麼一點，我們全都會被扔進大海，場面無法繼續維持了。附帶一提，對抗的人數爲八比十一。

此刻，我要利用自己的外在優勢反抗到底。那個時候，我三十九歲，威猛結實。對方不假思索地迎接挑戰，一名身材魁梧的傢伙來與我一決高下。

他身材高䠷，體重和身高非常協調，不過我用洞察力極強的目光將他審視了一番，發現他行動遲緩，性格溫和，臉龐臃腫，雙目無光，頭非常小，腿就像女人的腿一樣。

我暗自想：「我們就來比試比試，看你能忍耐多長時間，等著戰死吧！」我似乎是荷馬時代的英雄，字句清晰且大聲向他說道：「你這令人厭惡的壞蛋，你以爲我被你嚇到了嗎？天哪，才不會……你會像一隻病貓一樣被我打得落花流水，最後將你扔進海裡……要是你太重，我就抓住你的手腳、牙、指甲等一切能夠抓住的東西；如果實在不行，我們就同歸於盡，只要能夠把你送到地獄，我賠上自己的性命也在所不惜！來吧！趁現在……」

我覺得我被赫拉克勒斯（Hercules）的神奇力量保護，我的對手聽到這些激昂亢奮、助長士氣的話，往後退了一下，胳膊也垂了下來，臉上顯出害怕的神情。是的，他就是在打退堂鼓，所以他的同伴就想摻和進來，從一開始他的同伴就是那個始作俑者。他遵照了朋友的意願，我徹底地被激怒了。在這個新世界中土生土長的人馬上就會發現，富倫河（Furens）水養育的人們都有著強壯的體格。

就在那刻，船那邊傳來口氣溫婉的話語，遲到者的到來也轉移了人們的注意力。接著，我們忙了一會兒後船就出發了。儘管我還維持著戰鬥的姿勢，不過戰爭已經宣告停止了。

除此之外，形勢朝著更好的方向發展。當一切又回到之前的和睦時，我本想追問戈蒂耶剛剛爲何會如此衝動，可是我卻發現他正和那個挨揍的傢伙坐在桌子旁享受食物，桌上有一根火腿，旁邊的啤酒罐疊得比一隻手臂還高。

一捆蘆筍

二月，風和日麗，在前往皇宮的路上，我在謝威女士的店前停留了片刻，她是一名供應商，在巴黎家喻戶曉，我與她相處的極爲友善。我挑選了一包蘆筍，最小的比我的食指粗一點。我問她蘆筍的價格是多少，她回答道：「先生，四十法郎。」「它們竟是如此珍貴，這個價錢只有國王或者王子才有能力支付。」「你錯了，這樣的奢侈品是不會出現在王宮的，法規中說了，那裡是善良美德的集聚地，而不是豪華雄偉的象徵。不過無論如何，總會有人購買我的蘆筍。」

「現今巴黎少說有三百個富翁，像是銀行家、商人、投資者和其他的人，他們都因痛風各自在家調理，生怕自己患上感冒，出於醫生的吩咐或者是別的目的，他們並沒有什麼能吃的東西；他們坐在爐火前，費盡心思思考什麼東西可以增進食欲，當他們思考良久卻一無所獲的時候，他們就會命令侍從尋覓珍饈美味。而侍從們就會來到我這裡，得知有蘆筍後就回去報告；之後無論我將價格提到多高，這些蘆筍都會以最快的速度被買走。有時候也會有年輕的夫婦經過此處，他們會大聲說道：『快看，親愛的，這蘆筍長得好茂盛啊！我們買一些吧！』你要明白，爲了它，妻子製作了美味的醬，遇到這種狀況，她的愛人自然會進來購買，就算是花光所有工資也不在乎。有可能他們的錢來自一場賭博、一次洗禮亦或是突然有錢了……這些不是我能一一列舉的。總而言之，與其他商品相比，價格昂貴的東西銷售的速度更快。因爲巴黎的生活方式衍生了不同的情況，每個地方都充滿商機以及強烈的購買欲。」

她剛說完，就有兩個胖胖的英國人挽著手臂迎面而來，停在我們面前，他們的臉上盡是驚喜之情。其中的一個人拿起一捆魅力十足的蘆筍，包好後，完全沒有討價還價就夾在臂彎裡離開了，並且還不停讚揚著上帝保佑國王。

謝威女士笑著說：「先生，我剛才忘了介紹這種情況，不過這種情況並不是只有在蘆筍這種商品上才會出現。」

起士火鍋

起士火鍋發源於瑞士，人們將起士和雞蛋一起放在專用的廚具裡慢慢融化，再像涮火鍋般拿各種配料沾起士來吃。

這道菜集強身健體、香甜美味、增進食欲的優點於一身。製作方法簡易，當客人沒有提前打招呼就來訪時，做這道菜是最好不過的了。我在此提及它，一方面是自己的想法，另一方面是它含有我對貝萊人經常說起的一件回憶。

十七世紀末，一位名叫馬德的先生奉命去貝萊擔任主教一職。人們對他的到來表示欣喜，在宮殿裡爲他接風洗塵，而且還籌備了盛宴。此外，還將廚房裡全部的食材都用上以表慶祝。配菜中最引人注目的是那一大盤起士火鍋，他自己動手拿起來吃，不過那道菜的外表欺騙了他。他把它當作奶油濃湯，所以沒有像傳統的食用方法一樣使用叉子，而是用勺子舀著吃了起來。

他的古怪舉動讓同席的賓客大爲驚訝，大家偷偷交換眼神，暗自竊笑。畢竟巴黎的主教怎麼能不懂用餐的禮儀呢？第二天，此事就傳遍了巴黎，成了人們在街頭巷尾的笑談。此後雖然有一些主教的支持者和改良派意圖借此推廣用勺子吃起士火鍋，但很明顯傳統不可能被輕易改變。而我的一位伯祖父依舊熱愛這個趣聞，每次講起馬德大主教用勺子吃起士火鍋時，他都一副笑得快喘不過氣的模樣。

起士火鍋食譜

此食譜由特羅里先生提供，他是住在伯恩的蒙頓家族的管家。

首先，根據賓客人數選取適當重量的雞蛋，再依據雞蛋的重量，取其三分之一重量的起士，六分之一重量的奶油。建議選用上等的格魯耶爾起士。將雞蛋打進專用的鍋裡攪散，再和奶油及起士一起攪拌均勻。

把鍋放在灶上，開大火煮，並用勺子一直攪拌，當三者達到完美的融合即可。做這道傳統菜餚的祕訣在於：如果是陳年起士，就要加適量的鹽；新鮮的起士則要多加胡椒。之後爲火鍋保持適當的溫度，再喝上一杯上好的紅酒，那種幸福與滿足自是妙不可言。

無與倫比的古典晚餐

一天，一位皇家法院的美食家，在塞納河畔自言自語，言語中盡顯憂傷。他說：「唉呀！我是個値得憐惜的人，我希望可以盡快地回到我的故鄉，因爲那裡有我自己的廚師。迫於生意我只能留在巴黎，每天吃的都是對廚藝一無所知的侍女做的飯菜，她做的菜幾乎把我的靈魂都磨滅了。我的妻子逆來順受，孩子年幼什麼也不知道。牛肉半生不熟，燒烤火又太大，我都快要被那烤肉叉和大汽鍋奪去生命了！唉……」

他一邊說一邊無奈地準備經過多菲內地區，恰好教授聽見了他的哀嘆，出於交朋友的目的，他跟這個正在遭受苦難的法官說：「您不會失去生命的，我相信我的方法一定可以挽救你。我邀請你參加我明天的古典晚宴。不用被那些社交禮儀束縛，我們用過晚餐後就可以玩撲克牌，我一定會讓您滿意的，也會讓大家找到歡樂，並且就像往常一樣，這個夜晚也會隨著我們的記憶慢慢淡化。」

他參加了晚宴，在客人的配合下，美妙的晚宴都順利完成了，也是在那一天（一八二五年六月二十三日），教授很高興地發現他依舊是皇家法院中不可或缺的一員。

危險的烈酒

我之前就在此書的〈論口渴〉一章中說過，當人爲渴感出現時，如果馬上就以喝烈酒的方式來緩解，長時間下去只會一發不可收拾，並且養成不良習慣，所以有些人如果晚上不喝點酒就會坐立不安，並且只能透過躺在床上的方式來緩解症狀。

毋庸置疑，這種口渴最後會過度成爲疾病，假如有人很倒楣地被這種病折磨，那麼可以下結論，他活著的時間不會超過兩年。

我之前與一名旦澤富商去荷蘭旅行，他五十歲出頭，是鎮上白蘭地零售商創辦機構的經營管理者。

一次，他對我說道：「先生，您生活在法國的時候，關於我們商業活動的繁盛是一無所知的，我們的父輩就是靠這種生意謀生，直到現在已有一百多年的歷史。之前我一一觀察過店裡的員工，他們肆無忌憚地被酒精麻痹，但最後結果都是難逃厄運，這種事在德國也司空見慣了。」

「剛開始，他們喝白蘭地的時間是在早上，幾年來，他們一直都樂在其中。你肯定也知道，在辛苦的工作者裡，早上飲酒已經像是一種共同的默契，假如沒有這樣的愛好你就會遭受別人譏諷。久而久之，他們的酒量變成了之前的一倍，早上和中午都要喝上一杯。三年過後，他們發展成了早、中、晚喝三次。這樣的狀態維持了一段時間後，他們每個小時都離不開白蘭地了，而且僅是爲了陶醉在那香醇濃郁的味道中。只要出現了這種情況，那就說明他們的生命最多只能維持半年了，但是他們卻依舊不醒悟，沉迷於烈酒中無法自拔，接著就是住院，最後結束了自己的生命。」

雜錄

一次，在聖日爾曼，巴黎的後花園，一位老侯爵夫人問坐在她對面的一位先生：「長官，您鍾愛勃艮第葡萄酒還是紅酒？」

那位紳士有些迷茫，以德魯伊的口氣說道：「一般而言，我是會先去嘗試的，所以應該要一周以後才能告訴您答案。」

＊＊＊

安坦大街的主人在桌上放了一根龐大無比的亞耳（Arlesian）香腸，他溫文爾雅地向鄰居說道：「祈禱完畢後拿一塊，這塊香腸就像是一座裝潢精緻的住宅。」女士回答道：「挺大的，挺大的。」她用拿在手上的那個有柄的單片眼鏡仔細打量著：「眞遺憾，它不像任何東西！」

＊＊＊

聰明人是將美食主義放在第一位的，其他人則無法對它進行深入的評價和判斷。作家兼豎琴家詹麗絲夫人（Countess de Genlis）在她的回憶錄中自誇道：她之前傳授一位德國女士七種美味珍饈的烹飪法，因爲這位女士和藹可親地招待過她。

＊＊＊

拉普拉斯伯爵新發明了一種調製草莓食品的特殊方法，他讓橙汁滲透到其中（金蘋果仙女的最愛）。

他在原有方法的基礎上加入橘皮和適量的糖，於是第二種方法出現了，他說靈感來自於被燒毀的亞歷山大圖書館的手稿殘片，並且已經證明了它的正確性。在伊達的酒會上，他調製草莓時就採取了此種方法。

＊＊＊

M伯爵先生提到了近來一個小有成就的政治投機者，他說：「他並沒有什麼過人之處，他從來沒有品嘗過黎塞留黑布丁，甚至對黎塞留烤肉餅都一無所知。」

＊＊＊

一個嗜酒者吃完餐後甜點後，主人邀請他吃葡萄。他把盤子拿開了，接著說：「謝謝啦，不過我不喜歡用它來代替酒喝到肚子裡。」

＊＊＊

一個不懂得美食的人正在爲自己成爲了佩里戈爾的財會師而高興，他的朋友也向他道賀，說他有機會在那裡種大片的松露，因爲在該處，鵪鶉、松露、火雞隨處可見，美食家卻憂傷地說：「唉！我覺得在這個從不漲潮的地方，人都無法正常生活。」

與西妥教團修士度過的一天

一七八二年，一個盛夏的夜晚，大概凌晨一點鐘，我們組成了一個團隊，伴著暮色，女士哼起了小夜曲，我們也被她們的好運感染著。

我們的第一站是貝萊，然後向著聖敘爾皮斯前進，在一個海拔不低於五千英尺的高山上，矗立著西妥教團修道院。那個時候我是吟遊詩愛好者的代表，朋友們都很開心，年輕人的活力四射在他們身上表現得淋漓盡致。

一天，吃完晚飯後，我被聖敘爾皮斯教堂的院長叫到窗前：「先生，假如你來參加聖伯納德節（Saint-Bernard），那將是一件美妙的事，聖徒們一定會因此感到自豪的，社區的人們也會因你的到來而歡呼，你將是首位以奧菲斯（Orpheus）門徒身分踏足這個領域的人。」

面對這令人心滿意足的承諾，在他還沒有重複第二遍的時候，我就已經點頭答應他的請求，好像整個房間都在為之振動和顫抖。

我們的準備工作已經做得很到位，馬上就可以出發了。同行的有四個旅遊聯盟社團的人。之前那些勇氣超乎人們想像的蒙馬特區的冒險家們，一路上都嚇得不敢說話。修道院座落在山谷中，東西邊都有山環繞著。相較於東邊的小山，西邊的山更加宏偉壯觀。

西邊的山頂上有茂密的松樹林，一天，在狂風的吹襲下，三萬七千棵松樹倒塌在地。山谷底部有一大片草地，草地上生長著一簇簇山毛櫸，排列得並不整齊，有一種如今很時尚的英式花園的味道。

我們在天亮的時候抵達。修道院中管理衣食住行的修士前來為我們接風洗塵，他有著一張方正的臉龐和又尖又方的鼻子。

修士和藹可親地說道：「先生，感謝你們的到來。我們的院長得知這個消息一定會歡呼雀躍的。由於昨天忙到很晚，所以他還沒起床。不過不要緊，跟我來，你就會知道我們為了迎接你們做了多少準備。」

他為我們開路，我們緊隨其後，來到我們所期盼的餐廳。

那別出心裁的早餐已經搏得了我們所有的注意力，眞是太完美了！大桌子的中央放著一疊餡餅，和教堂一樣高；北邊有四盎司的小牛肉冷盤；南邊則有一大塊火腿；東邊有一大塊奶油；西邊則有一盤新鮮洋薊，上面撒滿了胡椒和鹽。接著映入眼簾的是形形色色的水果、碟子、刀子、餐巾紙、銀器和小籃子。桌子的另一端已經有傭人和夥計在旁邊站著等待爲我們服務，但是令我們詫異的是，他們居然提前這麼早就做好了準備。

可以發現，餐廳的一個角落裡有一百多個瓶子，天然的泉水不斷向內湧入，這流水聲讓我想起了女祭司低聲向酒神歡呼的場景。

摩卡咖啡的香味撲鼻而來，可是我們卻無動於衷，因爲在那個偉大的時代是沒有人在這個時段喝咖啡的。

和藹的修士對我們充滿了好奇，接著不出我們所料，他開始發言了。他說：「先生們，你們的到來讓我們備感榮幸，不過我還要繼續講授彌撒，今天會舉辦一個完整的儀式。我邀請你們在此進餐，不過你們的旅途勞累和我們的熱情，突顯出我這話的生分。請盡情地享受這些美味吧！現在我要去誦讀晨禱，不得不離開一會兒。」說完他就從我們的眼前離開了。

到了該開動的時候了。我們受到修士話語的激勵而全力以赴。儘管這些菜餚看似是爲天狼星上的居民們準備的，但是作爲瘦弱的亞當後代，我們也沒有拒絕的理由。

多餘的爭取只是白費力氣，所以我們竭盡全力餵飽自己，接著從容不迫地離開。

因此，到了該吃晚餐前我們都沒有饑餓感。我們各自分開，我一個人占據了一張舒適的床，甜美地進入夢鄉，到聖餐的時候才醒來。用英雄洛克羅伊來形容我簡直再貼切不過了，因爲很多勇士只有到戰爭開始的那一刻才會從夢中清醒。

有位身材健碩的修士叫醒我時，我的胳膊差點就被他拽斷了。我以最快的速度抵達教堂，發現大家都已經坐好了。我們用一首交響樂爲聖餐儀式助興，慶典時又奉上了一首聖歌，接著以風管四重奏爲我們的表演畫上句點。實踐讓我堅信，我們自身的強大實力就可以讓那些嘲笑業餘音樂家的笑話不攻自破。在這裡，我要指責那些小題大做的無知愚蠢的人，他們除了會肆無忌憚地嘲笑別人外一無是處，更有甚者，希望借助自己的衝動，忝不知恥地得到人們的認可，他們甚至沒有勇氣去面對這一事實。

這個時候，我們集所有的讚美、溢美之詞於一身。修道院院長向我們表達謝意後，就領著我們前去進餐。

正餐有十五世紀的味道，看不到配菜，每種食物也是剛剛好，不過肉是精挑細選的，完全是純正的燉肉。廚房極其雅緻，烹飪技藝更是精湛，還有那新鮮的風味蔬菜，面對這一切，我的胃在蠢蠢欲動。當我看到十四種形式各異的麵包在第二輪被端上餐桌時，我不得不承認這是個地大物博的地方。餐後甜點更是獨具匠心，有的水果是在周圍山谷中採摘而來的，因爲在這麼高的海拔，它們無法生存。不過熱量充足的話，像馬楚拉茲、莫爾弗倫果園和其他一些地方，也能生長出些許果實。那裡最爲豐富的當屬芳香四溢的烈酒，不過更有價値的是濃郁的咖啡，清透明亮且香醇滾燙。最引人注目的是它並不是被裝在那個塞納河畔所說的古老容器中，取而代之的是既大且深的碗。令人敬仰的修士可以隨時隨地將他們的厚嘴唇置於其中，陶醉在醒腦的美酒裡。他們喝酒時所發出的聲音與暴風雨來臨前逃跑的抹香鯨相比，有過之而無不及。

吃完正餐後就到了晚禱的時間，我爲了紀念此次旅行而寫的詩在聖歌中間被朗誦出來。那音樂在當時是很時尚的，我們不能對它講評太多，盡量不自我吹捧或者是讓修士們多加讚美。

一天的例行公事接近尾聲，鄉親鄰里們也紛紛離開教堂返家，教友們可以肆無忌憚地遊戲娛樂了。而相比之下，我更情願漫步在各處，邀請一些朋友去郊遊，讓大自然鋪的地毯發揮作用。山裡的新鮮空氣可以讓我們的心靈得到淨化，讓我們直抒胸臆，思維活躍。

回來的時候夜幕已經降臨，修道院院長讓我盡情地休息並且說了晚安。他說：「今晚我要一個人度過，並不是因爲害怕兄弟們對我的存在感到厭煩，而是希望他們可以更加無拘無束。生活並不一直都是聖伯納德節，明天我們就會回歸到自己的正常生活中。」

事實上，院長走後，大家就肆無忌憚了。談天說地，聲音逐漸變大，關於修道院的笑話接連不斷，聽到這些抽象而沒有內涵的話，大家並不追根溯源，只是大笑起來。

到了九點鐘，可以吃晚餐了，與前面的正餐相比，這次的菜餚都是精心配製和研究的，就風格而言，甚至跨越了好幾個世紀。口味得到了更新，大家邊吃邊聊，開心不已，有些人唱餐頌歌，有名修士爲大家朗讀了自己寫的詩，從修士的角度來看，這些詩寫得挺好的。

天色越來越晚，休息的人群中突然發出了一個聲音：「管食者修士，你最擅長做什麼？」修士回答說：「就像你叫我的名字一樣，我只會管理聖敘爾皮斯教堂的膳食。」他起身離開，過了一會兒，他的身後就多了三位男僕，第一個人端上了新鮮的奶油、土司，另外兩個人則是抬著一張桌子，上面放著一大碗芳香濃郁的白蘭地，並將桌上的五味酒撤了下去。

面對新來的食物，大家用掌聲表達了內心的喜悅。眾人開始吃土司，喝美味的白蘭地。過了一會兒，在鐘聲中我們迎來了十二點，大家回到了自己的房間，一天的倦意此刻都湧了上來，各自迅速進入了甜美的夢鄉。

在《和本紀實錄》裡提到一位管理衣食住行的修士的言談，他說起一位用嚴厲方式管理修道院的新任院長，他是一名巴黎人。

已經年邁的修士說：「我可以跟他和睦共處，他嚴厲也不是什麼壞事，因爲他肯定不會無情到罷免我或者拿走釀酒室的鑰匙，他不會把我這個老頭逼得走投無路的。」

旅行者的好運

一天，我騎著駿馬，經過靜謐的侏羅斜坡。

那段時間是大革命中最艱辛的一段日子，我的目的地是多勒，我要去拜訪普羅特代表，希望他可以給予我安全通行證，讓我能免於鋃鐺入獄。我竭盡所能地讓自己不出現在斷頭台上。

早上十一點，我到達了蒙蘇沃德利的村莊，住在小鎮上的酒店裡。我本想餵飽我的馬，但當我走進廚房看到眼前的一切時，身為旅行者的我不可能無動於衷了。

熾烈的火焰上面放著一把烤肉叉，烤肉叉上串著一流的鵪鶉。對！還有肥美的綠腿秧雞，都在火上面緩慢地轉動著。這些獵物非常精緻，一看就知道是狩獵者的傑作，所有的肉汁全都滴在了一大片圓土司上，同時旁邊還放著一隻已經烹製好的嫩野兔。對於這種營養豐富並且有益身體健康的野兔，巴黎人還一無所知，牠可以讓整個教堂都彌漫著牠的香味，其甜美更可以與任何一種香料媲美。

看到這些東西我簡直是歡呼雀躍，情不自禁地說道：「太棒了，這是老天對我的恩賜，只要路邊有可以摘的野花，我絕對會奮不顧身。」

接著，我叫來了酒店主人。他身材健碩，正吹著口哨，在廚房裡不停地走著。我問：「先生，今天晚上您會讓我享用點什麼呢？」他回答道：「我們這裡的每一樣食物都是一流的，比如說紅燒肉、馬鈴薯湯、羊肩膀、扁豆莢，全都是好東西。」他的回答簡直出乎我的意料，我失望透頂。讀者一定知道我不喜歡吃沒有水分的東西，而紅燒肉、扁豆、馬鈴薯都是沒有水分的。至於羊肩膀，我覺得我的牙齒完全不能負荷，這菜單讓我大失所望，我必須再一次面對苦難。

酒店主人目不轉睛地盯著我，似乎知道我內心的想法，試圖猜想著我爲什麼會如此失望……我用非常鬱悶的語氣說道：「老天，這麼好的獵物究竟誰才可以享用呢？」他出同情回答道：「唉呀，先生，我可不是這些東西的主人，它的主人是一位從事法律的紳士，我猜想是一位有錢的女士聘雇了他，他們在這住了十天，昨天他們完成了任務，所以準備設宴慶賀一番。你看，我們正在爲他忙碌呢！」過了一會兒我才又說道：「先生，謝謝您跟我說了這麼多，我以一個好朋友的身分懇求您讓我一同享受晚宴吧！我所花的費用會另行結算，最重要的是我一定會讓他們獲益良多的。」主人離開了，並且久久沒有回來。

但過沒多久，一位年輕人進來了。他身材矮小，皮膚細致，身體強健，活力四射。他在廚房裡來來回回，將鍋和盤子挪了下位置，把蒸鍋上的蓋子取下來後就離開了。

我一個人自言自語：「我的裝備都被磚瓦匠兄弟拿走了。」我的內心還是充滿希望，因爲根據以往的經驗，我的外表並不會讓人反感。

就算是這樣，我仍舊心跳加速，好像自己現在是一位候選人，等待著自己是否當選。酒店老闆帶著好消息再次出現在我眼前，他說那些紳士很樂意邀我一起參加，現在正等著我呢！

我幾乎是跳著舞步離開屋子的，來到那令人欣喜萬分的宴會上，幾分鐘後我便就座了。多麼豐盛的晚餐啊！簡直是無以言表，最引人注目的還是那個只有在鄉下才能享受到、烹飪手法獨特的原汁雞排；還有那極具營養的松露。我想要是提托諾斯（Tithonus）看見這一切，一定會希望生命重來一次。

前文我就已經提到過土司，與它美麗的外表相比，它的味道有過之而無不及。因爲是將它正反翻烤的，所以站在烹飪的角度上，又爲它的美味增添了些許色彩。之後，就是香草霜淇淋、精選的水果、一流的起士這些餐後甜點。一邊吃這些東西，一邊喝完了石榴紅的美酒，接下來還品嘗了艾米達吉葡萄酒，最後還有口感香醇溫和的稻草色的酒。不過，最好的飲料非頂級咖啡莫屬，它是由活力四射的工匠精心製作，他有一雙靈巧的手，而且他也總是利用這雙手在教堂中調配凡爾登（Verdun）烈酒。

晚餐中不僅有珍饈美味，而且氣氛也非常活躍。人們互相交談，因爲今天的安排很周全，紳士們開始取笑對方，我也成爲了其中一員，融入到那活潑的氣氛中。他們盡量避免討論那些令人煩心的工作，大家說著動聽的故事、唱著歌，我也爲他們朗誦了自己還未出版的小詩，有的句子是我臨場發揮的，不過大家都對它投以讚美之詞。

（小調：馬蹄鐵匠）
噢，此刻的場景甜美又愜意，
當旅行者遇到善良的人，美酒和歡樂在我們心中蕩漾：
與夥伴共享歡樂，我是多麼地想與你們相伴，一切煩惱都煙消雲散。
四天，
十四天，
四十天，
一年都不想離開，
因為祝福和幸運捨不得我離去！

事實上，我並不是因為自己喜歡這首詩而將它記錄下來，我休閒時寫的詩比這首好很多，這是上帝的功勞，只要我願意，完全可以寫得更好。不過我寧願讓它們維持臨場發揮的現狀，因爲我希望讀者可以品讀到我當時的心情：他身邊有一群革命的同伴，他有一顆熱愛法國的赤子之心。

這頓飯少說也花費了近四個小時，大家都在思考如何爲這完美的一天畫上句點，最後，我們決定用散步的方式來促進消化。接著大家開始玩牌，等待吃宵夜的時刻。宵夜是晚餐中沒有吃完、可是依舊美味的菜餚，外加一條鱒魚。

面對大家的提議，我卻只能遺憾地拒絕。日落西山，暗示我必須繼續前行了。朋友們熱情地挽留我，盛情難卻，直到我說出此次旅行並不是為了愉悅身心的實話，他們才沒有繼續挽留。

也許讀者也已經猜到了，他們並沒有繼續追問下去，也一直沒有問一些我無法正面回答的問題。大家都站在外面，看著我上馬，一番真誠地告別，直至我消失在他們的視線中。

假如那些熱情友好的朋友們至今仍然生活在這個世界上，並且看到了我的這本著作，我想讓他們知道，哪怕是三十年後的今天，當我回憶起當時的場景，我內心還是充滿了感激之情。

我察覺到我的到來並沒有讓普羅特代表歡欣鼓舞，他對我很反感，看著我的時候，眼神中盡是兇狠，我想他肯定是想把我送進監獄。不過值得慶幸的是，這只是我自己的胡思亂想。我向他解釋了其中緣由，他的表情也自然了許多，我也得到了赦免。

我並不害怕苦難，我也堅信他的本心是善良的，不過他的肚量確實很小，並且不知道應該要怎樣做，才可以使自己手中的權力發揮到極致。我想，把他比喻成拿著赫克利斯魔棒的孩子是恰如其分的。

在這裡，我覺得值得一提的是阿蒙德魯先生，當他知道我要來時，本來不願意與我共進晚餐。不過最後他還是來了，機械式地與我打招呼，這使得我心中充滿疑惑。

不過即使如此，我還是非常尊敬普羅特夫人，幸好她並沒有對我不理不睬，我向她鞠躬表達敬意時，她對此充滿了好奇。

接著，她問我是否喜愛音樂。天啊，眞是天助我也！她似乎對音樂情有獨鍾，恰好我也算是一位卓越的音樂家，我們終於找到了共同的話題。

我們一直交談，直到吃晚飯的時候才停止，兩個人有一種相見恨晚之感。她提到的作曲，我都了然於胸；她提及現在的格局，我也知之甚多；她提及赫赫有名的作曲家，我都與他們有過接觸。因爲很長一段時間沒有人與她探討音樂方面的問題，所以我們聊得酣暢淋漓。儘管她是以業餘愛好者的身分來看待音樂，不過在交流的過程中，我得知她以前是一名專業的女歌手。

吃完晚飯後，她將她的歌唱組合叫了上來，她唱、我唱、大家一起唱。第一次，我投入全部身心到歌唱中；第一次，我盡情地陶醉在音樂中。普羅特先生不只一次讓我們稍做休息，可她都不理不睬，我們倆就像二重奏的小號，高興地歌唱著。

最後，普羅特先生毫不猶豫地說要離開。

這時她依舊沒有將我們的友誼拋諸腦後，分別的時候，普羅特夫人說：「虔誠的市民，像你這樣對藝術有熱情的人肯定會是一個愛國主義者。我知道你有事情需要我丈夫的幫忙，我向你承諾你的願望一定會實現。」

當我聽到這些感人至深的話時，我親吻她的手表達出內心難以言表的感激之情。

而第二天我就拿到了我的安全通行證，上面簽了普羅特先生的名字，並蓋好了章。

我這次旅行的任務算是圓滿完成，我欣喜萬分地騎著馬踏上了回家的路。我終於可以稱心如意地過幾年安穩日子了。

恩利翁．德．龐西先生

我一直認爲在那個時代，我作爲第一個建構出美食學架構的人已經成了毋庸置疑的事實，可是不知道在什麼時候，有人搶先一步。以下的趣事就是最好的證明，追根溯源，還要從十五年前說起：

一八一二年，那是屬於恩利翁．德．龐西先生的時代，他的睿智幽默極具盛名。拉普拉斯先生、莎普塔爾先生和貝托萊先生在當時是赫赫有名的科學家，當談及他們三位時，他說道：「我發明出了一種可以讓胃口變好的新菜餚，我從中能體會很多樂趣，而這是發現一顆星星時無法體會到的，因爲我們見過的星星不勝枚舉。」

這位政治家繼續說：「在我沒有親眼見證一名廚師完全有能力勝任該項研究之前，我是不會再將科學視作崇敬和權威的象徵了。」

這位和藹的龐西先生一直懷著友愛之意來看顧我，他渴望成爲我的題名者，並且總是說憑藉他一個人的聰明才智，不可能打開孟德斯鳩學說的大門。在他那裡，我拜讀到一本小說，作者是博學的波利亞．普里；受到他的鼓勵，我寫完了本書好幾個章節。所以平心而論，我想用下面的詩來表達我內心的敬仰和感激之情，詩中涵蓋了他的經歷和貢獻（該詩刻在龐西先生的肖像下）。

孜孜不倦成就了他的博學多識
偉大的工作彰顯他尊嚴的價值
鴻儒碩學是他苦苦求索的同伴
豁達親切是他廣受愛戴的緣由

一八一四年，龐西先生被任命爲大法官，他上任的時候，在他管轄範圍內的人們都懷著敬仰之意，興高采烈地將他以前對人們許下的承諾再說了一遍。

他用一種父親的口吻說（這與他的年齡身分相得益彰）：「先生們，儘管我無法一直陪在大家身邊，一直爲你們爭取利益，不過大家不用懷疑，我絕對只會做對大家有益的事。」

人生之憾：歷史輓歌

人類的始祖啊！你們天生就對飲食要求很高，不過一個蘋果就讓你們付出了全部，那麼，如果是一隻松露火雞，你們又怎麼能控制住自己呢？不過在你們的人間天堂，沒有技藝精湛的廚師，也沒有美味的食物。

我憐憫你們！

那些將戰勝特洛伊的卓越國王們，你們的英明神武將流傳萬世。不過你們的餐桌也太過簡樸了，除了牛腿就是豬背，你們永遠都無法發現水手魚的魅力，也不能享受如今的原味雞塊。

我憐憫你們！

美女克洛伊和阿斯帕西婭的雕像將會在希臘永垂不朽，不過讓美女們抱憾終身的是，她們那迷人的櫻桃小嘴從來都沒有被玫瑰葡萄酒滋潤過，也就更別說品嘗過香草蛋白酥，甚至連薑餅都成了罕見之物。

我憐憫妳們！

就算那風華絕代的女祭司受萬人矚目又如何，最後她還是忍受著苦難。啊！假如你們能夠品嘗到這令人精力充沛的糖漿、沒有季節之分的晶瑩剔透的果實、美味誘人的起士，那該是一件多麼愜意的事啊！這些都是現在人們努力的結晶。

我憐憫你們！

羅馬的金融家們就算將全世界的黃金集於一身，可遺憾的是即使在最豪華的宴會場所，他們也沒有品嘗過香甜可口的霜淇淋。就算是在最炎熱的地方，只要我們品嘗它，立刻就會清涼無比，除此之外他們還沒有吃過果凍。

我憐憫你們！

在許多的詩歌中，英明神武的勇士都成爲詩人筆下讚美的對象，你與大力士進行過決鬥，你解救了被困的少女，你讓敵人聞風喪膽，可是你身邊的那些黑眼睛的女僕，卻從未向你呈上那魅力十足的香檳、馬德拉酒，更別提本世紀紅極一時的香醇烈酒。你只能將就地喝著麥酒或者帶有草藥的酸味酒。

我憐憫你們！

主教和修道院院長，上天是如此地疼愛你們，你們與那些走向毀滅的阿拉伯聖堂武士一樣，從未品嘗過令人振奮的巧克力飲料和強化思緒的阿拉伯咖啡豆。

我憐憫你們！

自信的貴婦爲了彌補貴族聖戰中所造成的損失，將自己的隨從提攜爲上流社會的人，可是她們卻從未領略過餅乾的魅力，更沒有享用到小杏仁餅乾的好運氣。

我憐憫你們！

當然還有生活在一八二五年的美食家們，儘管在很多方面得到了享受，可是卻依舊希望有更新穎的菜餚。而讓他們始料未及的是一九〇〇年研發出來的祕方，有可供享用的礦物質美食、用幾百種氣體融合蒸餾而得的烈酒，還有旅行家開發和探險地球帶回來的東西。

我憐憫你們！

後記

Postscript

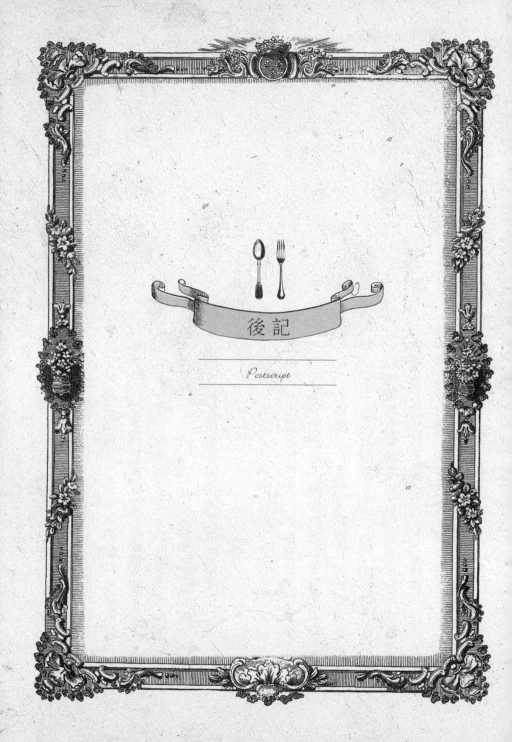

致兩個世界的美食家們

Parting Salute to the Gastronomers of the Old and New Worlds

閣下們：

在下謙恭地將這部作品展現在你們眼前，目的是想從主要方面和其他方面來闡述這門科學藝術的內涵。

我傾注了所有努力向那個青春不朽的少女——美食學呈上祭品，在她所有的姐妹中，她永遠都是最耀眼的一個，可以將其比喻成科莉布索，因爲與其他的仙女相比，她的個頭是最高的。

在可預見的未來，美食學的宮殿一定會直達天際，超越一切，在全世界都是最閃亮的。你也應該讓美食學中有你的身影，上帝教導我們這門藝術應該堅定不移地矗立在快樂和需要之上，也因此孕育了受它養育的睿智美食家和其他獲得利益的朋友們。

此時此刻，將你意氣風發的面容朝向天空，傾注你所有的力量和尊嚴，奮起直追，爲美食的發展貢獻一己之力！

各位，請再接再厲，讓這門藝術的精髓長存於心中；發現你們自己的偏好，在努力奮鬥後你就會受到靈感的青睞，得到長足的進步，那個時候一定要讓我知道。

你最虔誠謙卑的僕人——作者

附錄

巴爾札克《論現代興奮記》

Traité des excitants modernes

提出問題

大約在兩個世紀以前，有五種物質被人類陸續發現，而它們進入人類的經濟活動也有相當長的歷史了，可最近幾年，人們對它們的攝取量越來越大，正在使現代社會發生不可估量的變化。這五種物質分別是：

一、烈酒，或者說酒精。它是一切酒類的基礎成分，出現於路易十四統治晚期，用來替他老邁冰冷的身體取暖。

二、糖。糖到最近才開始成為大眾化的食品，而法國工業已經能夠大量地生產糖，即使稅務部門虎視眈眈地想透過徵稅維持原價，但糖價必然還會下降。

三、茶。引入的歷史已有五十多年。

四、咖啡。阿拉伯人很早就發現了這種興奮劑，但歐洲人直到十八世紀中期才開始大量飲用。

五、菸草。從法國邁入和平安定後，以燃燒方式吸食菸草才開始流行。

首先讓我們宏觀地審視一下這個問題：人類攝取的一部分能量將被用於滿足某種精神需求，進而獲得我們稱之為快感的東西——不同地方、不同性格的人對快感的認知會有所不同。我們的身體器官是快感的管理者，幾乎所有的器官都背負著雙重任務，先是吸收營養物質，然後再將這些營養物質的全部或部分，以某種形態釋放到「公共倉庫」裡，也就是大地上。雖然上述僅是寥寥數語，卻概括了人體生命的「煉金術」。學者們也一直堅信此一邏輯。不管如何進化都一樣，永遠找不到任何一種生理機能是違反這項規則的，包括承載這種機能的器官。人類所有過度的行爲都源自試圖超越自然規律，不斷製造快感的妄想。人類的精力被合理利用得越少，就越容易出現過度行爲，而這幾乎是不可抗拒的。

格言I：對於生活在社會的人來說，生存就是或快或慢地自我消耗。

由此可見，社會越文明越平靜，就越容易走上過度消耗的道路。和平狀態對於某些人來說是致命的，或許正因爲如此，拿破崙才說「戰爭是一種自然狀態」。人會把全部或部分精力分配到相應的一個或多個主管器官，並完成獲得快感的必要步驟，即攝入、消化、分解、吸收、釋放或重組爲特定物質。

大自然希望所有的器官都能平等地參與生命，但社會卻讓人類更渴望某種特定的快感。爲了得到滿足，人類會將過多的精力甚至所有精力都分配給特定的器官，而貪婪的器官獲得的精力越多，被剝奪的器官獲得的精力相對的就越少，疾病因此產生了，最終導致了壽命縮短。不同於演繹推理得到的結論，上述理論與所有以事實爲依據的理論一樣正確無誤、不容置疑。持續的智力活動會把生命力集中在腦部，精力源源不斷地輸給大腦，促進腦膜和腦髓的成長，卻冷落了大腦以下的部位，因而使高智商的天才患上最近被醫學命名為「性欲缺乏」的病症。反之，流連於性感女人的沙發邊，愛得纏綿悱惻，就會變成不穿僧袍的花和尚。單憑智力無法達到最高的精神境界，眞正的強大在於將上述兩種極端情況調和折衷。試圖兼顧智力與愛情生活的話，便造成了天才的死亡，比如拉斐爾和拜倫勳爵。放縱等同自殺，過勞也會喪命，不過這樣的死法畢竟是少數。過量地攝入菸草、咖啡、鴉片和酒精都會引發嚴重的錯亂，導致死亡。器官在不斷受到刺激和滋養後畸形增長，變得異常肥大，病灶不斷地折磨著人體損耗整部機器直至死亡。

根據現代法律，每個人都是自己的主人，但如果具被選舉權的人和百姓們讀了上述文章就認為可以自我戕害，拚命抽菸喝酒，那可就大錯特錯了！他們危害的是整個種族，引發種族衰退，導致亡國。一代人沒有權利斷送另一代人。

格言Ⅱ：有食物才有下一代。

請把這句箴言用金字刻在家中的餐廳。奇怪的是，薩瓦蘭雖然從科學的角度出發，要求在感覺分類中加入性欲，卻忘了指出人類生殖力與改變其生命力狀態的食物之間的關係。我多麼期待在他的作品中讀到這樣的格言呀！

格言Ⅲ：吃海鮮生女兒，吃肉類生兒子，吃麵包則可成為思想家。

一個民族的命運取決於食物和食量。酒精毀滅了印第安人，俄羅斯靠酒精支撐專制，誰知道西班牙的墮落是不是因為巧克力吃得太多？或許在他們正要重建羅馬帝國的時候，卻發現了巧克力？土耳其人和荷蘭人因菸草而得到的懲罰，目前正威脅著德國。一般來說，我們國家的政客大多關心自己甚於關心國事，除非你說他們的虛榮心、情人和小金庫也算國事的話。他們中沒人知道過度消耗菸草、食用糖、用馬鈴薯代替小麥及過度飲酒等會把法國帶向何方。

請看吧！現在的大人物與過去的相比，氣度與外形都相差很多，後者身上總凝結著彼時幾輩人的身影與風尚！如今，有多少天才只寫出一部談不上成功的作品就銷聲匿跡了？我們的先人正是時下萎靡之風的始作俑者。

倫敦曾做過一個實驗，兩位值得信賴的學者與政治家向我保證了實驗結果的真實性，這與我們討論的問題關係密切。

該實驗得到了英國政府的准許，實驗對象是三個死刑犯，他們獲得了選擇權，要不是根據該國的慣例被處以絞刑，要不是只能分別依靠茶、咖啡或巧克力生存，既不能吃其他任何種類的食物，也不能喝其他任何液體。這三個罪大惡極之人答應了，大概是個犯人都會這麼做。鑒於每種食物都有一定的生存機率，他們抽籤決定了各自的食物。

靠巧克力維持生命的人八個月以後就死了。
靠咖啡維持生命的人堅持了兩年。
靠茶維持生命的人直到三年後才去世。
當然，我懷疑英國東印度公司也許是為了自己的生意才策畫了這次的實驗。
吃巧克力的人死狀恐怖，全身腐爛，被蛆蟲啃噬。四肢軀幹慢慢壞死，如同逐漸瓦解的西班牙王權一樣。
喝咖啡的人和被天火付之一炬的蛾摩拉城一樣，像是在身體裡燒起了一把火，簡直都能燒石灰了。其實也有人這樣建議，但這似乎不利於靈魂的永生。
喝茶的人日益消瘦，身體變成了半透明的狀態，最終油盡燈枯而亡。傳說透過他的身體可以清楚地看到另一邊，一位慈善家甚至能借著他身後的燈光閱讀《時代周刊》（Le Times）。幸好英國式的審慎沒有准許更加古怪的行為了！
法國也做了一個關於糖的實驗。
在實驗中，馬讓迪先生只用糖來餵狗，結果與前述三位死刑犯一樣駭人。雖然牠們與人一樣犯戒（狗與人一樣貪玩），但還不能證明此結論同樣適用於人。

酒精

我們最早因葡萄發現了發酵的原理，其中幾種成分受大氣的影響，經過蒸餾和一系列的化學反應後，變成了含有酒精的液體，同樣的反應在很多植物上都曾出現。酒，作爲這種反應的直接產品，是最古老的興奮劑，領主們和獲得榮耀的人們都喝酒助興。而酒精所危害的人數也是世上最多的，我們曾恐懼霍亂會奪走性命，但酒精正是另一道鎖魂鏈。

在凌晨兩點到五點之間，巴黎中央廣場的四周，總是被許多無所事事的流浪漢織成的毯子所覆蓋。這些在無名小店被酒精弄得暈頭轉向的男男女女們，和倫敦廣場上的酒精消費者並無二致。毯子應是最爲貼切的形容詞了，破衣爛衫與他們的面孔是如此相近，你幾乎無法分辨哪塊是破布，哪裡會看到人形，哪是腦袋，哪長著鼻子。那些臉孔往往比你看到的破衣衫更骯髒，而這些矮小、枯瘪、乾涸、萎靡不振、蒼白、面色發青、瘋瘋癲癲的形象，正是酒精帶來的結果。巴黎的衰退以及一批可憐的巴黎兒童都由此而生。那些聚集在酒店的櫃檯前、逐漸虛弱的身體，正是巴黎的生產力——工人階級。而過度酗酒也是巴黎妓女最大的謀殺犯。

作爲觀察者，對於醉酒的結果是不能視若無睹的。就如同謝里登和拜倫曾說過的，「每個人都會沉醉」，我應該去研究是什麼樣的快感引誘了人民，但這並不容易。我那習慣了咖啡的胃，似乎對酒免疫了，無論喝多少都對我毫無影響。我是一個難以征服的人——我的朋友們都熟知這一點，而其中的一位產生了想打敗我的念頭。因爲我從不抽菸，他覺得說不定我會臣服於「未知的神明」，於是便將「勝利」的期望放在了酒精之上。一八二二年的一天，義大利歌劇院有演出，我的朋友卻打算讓我忘記羅西尼、拉辛蒂、萊維賽爾和波多尼的音樂。伴著義大利麵和甜點，我們喝了整整十七瓶酒，他醉得一塌糊塗，眼神空洞地躺在長沙發上發呆，腳邊的空瓶子見證了他的潰敗。但他之前強迫我抽的兩支雪茄似乎和酒精發生了作用，我感到樓梯如同軟綿綿的雲纏著我的腳步，我盡量保持闊步，登上馬車，身體筆直，面無表情。我想我是處於一場激烈的戰爭中，第一次嘗試「亂搞」，這是醉漢們常說的術語。世界如海浪般搖晃著，我在劇院的樓廳裡找到我的座位，腳步像小丑般軟弱無力。當時的我甚至不敢確定自己是在巴黎，我找不到盥洗室，也看不清人的面容。那一刻，我的靈魂是灰色的。恍恍惚惚間，我聽到一個女人的歌唱，那跟天堂的妙樂應該是同一種聲音。藝術除卻了人類的不足，充滿了神授予的靈性。美妙的樂章使我如入仙境，滿目都是飄飛的雲彩。龐大的管弦樂團彌合成一支樂器，我既不能抓住它的節奏，也不知曉它運用的技巧，只看到令人迷惑的提琴，忙個不停的琴弓，金色彎曲的長號，還有單簧管和燈光，我看不到人，只有一、兩個抹粉的人頭，一動也不動，以及兩個扮著鬼臉的巨大身影。這些畫面讓我很不安，我有些昏昏欲睡。

「這位先生滿身酒氣。」我身旁的女士低聲說，她的帽簷輕輕擦過我的臉頰，而我的臉頰也在不自覺間觸及她的帽子。我承認我有點生氣了。「不，女士，」我回答道：「您聞到的是音樂的氣息。」我起身離開，故意把背挺得很直，平靜的、冷冰冰的，就像懷才不遇的人那樣，拂袖離去是讓那些怠慢自己的人自責的最好辦法。為了向這位女士證明我並沒有濫飲無度，我身上的酒氣也絲毫不能證明我的秉性和品行，我決定去某公爵夫人的包廂（她的姓名就保密吧），我見到她的頭被羽毛與蕾絲花邊裝飾著，非常漂亮。我想知道那不可思議的頭髮是眞的，還是酒醉造成的錯覺。「當我坐在這位優雅的貴婦身邊，」我想，「和她那些端莊的、假裝正經的朋友身居一處時，誰會懷疑我喝醉了呢？人們說不定會以爲我是什麼了不起的大人物呢！」但之後，我一直在義大利劇院長長的走廊上徘徊遊蕩，怎麼都找不到那扇該死的包廂門，直到散場後的人群把我擠得貼在牆上動彈不得。但不可否認，那是我人生中最有詩意的夜晚之一。在任何時候，我都沒有見過那麼多的羽毛，那麼多的蕾絲花邊，那麼多的漂亮女人，那麼多好事者或情人們用來偷窺包廂情況的橢圓形小視窗。我從沒有花費過那麼多的精力，踮著腳尖，保持著愜意的笑容，那一定是我最後的自尊心了。與此相比，荷蘭威廉國王在比利時問題上的堅持簡直不值一提。不過，我極易動怒，偶爾又軟弱易落淚的性格就比不上荷蘭國王了。

繼而我想到，如果我不出現在公爵夫人和她的朋友之中，之前那位女士會用什麼樣的想法評價我呢？我深感恐懼。這種惶恐一直糾纏著我，唯有想到人類的渺小，才使我感到了一絲安慰。但我錯了，那晚人流如織，不少社會名流都給予了我充分的「關注」。一位十分美麗的女士還禮貌地伸出手臂，挽著我穿過人群離開。我猜想這一定是羅西尼對我那敬重的態度引發的。出於禮貌，她對我說了幾句恭維的話，內容我已經記不清了，但一定非常幽默：她的談吐和音樂水準極高。我回憶著那位女士到底是位公爵夫人還是個女領座員。那段記憶太混亂了，也許領座員比公爵夫人的可能性更大些。不過她頭上戴著羽毛和蕾絲花邊！又是羽毛和蕾絲花邊！簡而言之，當我再次有意識時，發覺自己在車內，我傷心不已，而我的馬車夫跟我有著相似的傷心，他坐在劇場外睡著了。那晚大雨傾盆，我卻記不得自己沾過一滴雨。我生平第一次嘗到了強烈的快感，一種難以置信的、無法言喻的狂喜。我們在午夜十一點半橫越巴黎，在路燈下疾駛，飛速閃過商店、霓虹燈、連鎖店招牌、面孔、一群群的人、躲在雨傘底下的女人……街道被神奇地照亮了，那些黑暗的角落、那些白天忽略的風景，透過雨簾，帶著似曾相識之感迎面襲來。還有羽毛！我總是看到羽毛！還有蕾絲花邊！即使在糕點店裡面也到處都是蕾絲花邊！

自此，我清楚地知道了醉酒的快感。醉酒爲現實的生活打開了一扇窗，讓人感覺不到痛苦和悲傷，放下思想的重擔。我們理解了那些卓越的天才因何癡迷，也知道大眾爲什麼沉醉其中。酒精無法啓動大腦神經，反而會使之遲鈍。酒精刺激腸胃發生反應，一瓶酒被吸收後，味蕾麻木了，人會喝得越來越多，味蕾便不再起作用。所以，醉酒的人品不出酒的精緻之處。最後酒精被身體吸收了，一部分進入了血液。請把這句格言刻在你的腦海裡面吧：

格言IV：醉酒是暫時中毒。

此外，反覆的中毒會使酒鬼們的血液發生本質上的改變，使體內循環紊亂。大部分酒鬼會失去一定程度的生殖功能，或者罹患腦水腫。請不要忘記我們常見的現象：醉鬼們總是在狂飲之後的第二天感到強烈的口渴。這種口渴，顯然是由於他們的胃液和唾液被過度使用造成的，由此可以證明我們結論的正確性。

咖啡

對於這一物質，薩瓦蘭遠遠沒有講全。鑒於我經常大量飲用咖啡，可以依靠我的觀察，爲這一主題做些補充。咖啡是一種烘焙製品，很多人靠咖啡提神，但對於無趣的人來說，只不過是增加了更多枯燥無聊的時光罷了。舉例來說，儘管巴黎的食品雜貨鋪直到半夜都在營業，某些作家也無法因此寫出更精妙絕倫的作品。

薩瓦蘭觀察得很透徹，咖啡刺激血液運行，讓思緒噴湧。這種刺激可以加速消化、驅趕睡意，使大腦神經在比較長的一段時間裡保持興奮。

出於個人經歷和一些帶有偉大目標的觀察，我想冒昧地對薩瓦蘭的文章做一點修正。咖啡作用於胃黏膜和胃壁神經叢，從那裡再通過難以察覺和分析的路徑作用於大腦。我們可以推測的是，神經系統是我們身體所有組織的司機，咖啡作用於神經系統，進而影響我們的身體。它的力量既不是持續不斷的，也不是絕對的——這是我的切身體會，羅西尼也有同樣的經歷。他對我說，咖啡的作用可以持續十五到二十天，謝天謝地，這時間足夠寫一齣精彩的歌劇了！

此言非虛，並且咖啡帶來的好時光是可以延續的。這個結論對於很多人來說非常必要，請容許我將這珍貴的果實向各位詳細描述。

我傑出的人形蠟燭們，請點燃大腦裡的燭心，來聆聽熬夜工作和腦力勞動的福音書吧！

一、用土耳其缽搗碎處理的咖啡比研磨機處理的更有味道。

很多機械的器具反而會剝奪人們的享受，在這方面東方人比西方人更有智慧：他們是天才的觀察家，如同蟾蜍般經年累月地藏身洞內，僅用兩隻像太陽般的金色眼睛望著大自然，就能分析出我們依靠科學實驗才得到的東西。咖啡的有害成分之一是一種化學家們還沒有研究透徹的物質——單寧酸。當胃黏膜被侵蝕，或是飲用次數太頻繁時，咖啡中的單寧酸會引起一種特殊的麻醉效果，使胃壁強烈收縮，拒絕吸收勞動者所需的營養。如果繼續飲用，就會產生強烈的錯亂現象。在倫敦，曾有一個人因為過量飲用咖啡，得了嚴重的痛風。我在巴黎的一個熟人，因為嗜咖啡而患疾，花了整整五年時間才痊癒。還有一位藝術家謝那瓦，他死於血熱症。他進出咖啡館就如同工人進出酒鋪——常年都在。和其他無節制的嗜好一樣，那些咖啡愛好者們不知不覺就超過了界限，越喝越過量，直到濫飲。就像諺語所說的「尼克萊特的工夫，日益厲害」。

搗碎咖啡的時候，是以一種分子形式將它提純，保留單寧酸，並使之散發香氣。這種處理方法就是義大利人、威尼斯人、希臘人和土耳其人可以無視危險不停喝咖啡的理由，法國人帶著蔑視的眼光稱他們為咖啡佬。但伏爾泰喝的也是這種咖啡。

需記住的是，咖啡有兩種成分：一種是可被提取的物質，它在熱水或冷水中均可迅速溶解，也是咖啡香氣的來源。另一種就是單寧酸，它難溶於水，也很難從咖啡豆的組織中分離。因此有如下的格言：

格言V：用沸水長時間烹煮咖啡是一種異教邪說；飲用未經過濾的、含有咖啡渣的咖啡，就是在用單寧酸虐待腸胃和其他器官。

二、杜貝洛瓦發明了一種堪稱不朽的咖啡壺（該發明記述於其沉思錄中，杜貝洛瓦侯爵出身於一個古老而著名的家族，他也是紅衣主教的表親），假設用這種咖啡壺處理咖啡，那麼使用冷水的效果會優於沸水，這就是保留咖啡有效成分的第二種方式。

研磨的咖啡可以同時分解出香氣與單寧酸，既滿足了味覺，也刺激了腦神經叢。由此可將咖啡分為兩個級別：土耳其式搗碎的咖啡和研磨機磨碎的咖啡。

三、咖啡效用的強度取決於容器內咖啡的量、研磨程度及用水的多寡。這是影響咖啡處理效果的第三個原則。

如此，在一段或長或短的時間內，比如一、兩個星期或者更長時間，使用沸水和搗碎式的處理方法，每次飲用一到兩杯咖啡即可達到提神的效果。

接下來的一個星期，使用冷水咖啡壺，將咖啡研磨得更細，降低水量，你才能得到與之前同樣程度的活躍神經的效果。

當你將咖啡研磨到最細，水放到最少，比起之前的一杯咖啡，現在你得喝兩杯的量來提神，而寒冷的天氣會讓你不自覺地喝下第三杯，這樣靠增加劑量提神的日子可以再延續幾天。

最後，我發現了一個恐怖又殘忍的方法，使用這個方法的人會變得異常有精神，但我不建議過度使用它，只有那些頭髮乾硬漆黑，皮膚呈現泛著紅光的褐色，手掌粗糙，大腿像路易十五廣場的柱子一樣的人，才能承受它的刺激。這種方法是將精細研磨、冷水處理、脫水化的咖啡空腹飲用。如同薩瓦蘭所說，胃的內壁像一個布滿吸盤的天鵝絨袋子，當這種咖啡進入空無一物的胃袋，立刻被柔弱嬌嫩的內壁當成了食物，它就像召喚鬼神的預言家一樣，刺激胃壁分泌更多的胃液；又像車夫粗暴地對待馬匹一樣，折磨著胃壁的每一個細胞，使那些細胞燃燒起來，火光沖天，一直燒到大腦的神經叢。這時，全身開始沸騰，思維擺好了陣勢，彷彿一支偉大軍隊的士兵在戰場上開始投入戰爭。回憶翻湧，忙著攻城掠地；比喻就像戰場上的輕騎兵在飛速前進，邏輯的砲兵駕著車帶著彈藥飛馳而來，金句和俏皮話像狙擊手一樣排開陣型，描寫和想像發起了新一輪的突擊。墨水傾灑在紙上，烏黑一片。夜晚由黑暗開啓，由墨跡結束。作家的大腦裡文思泉湧，硝煙瀰漫。我的一個朋友曾因爲第二天一定要交稿，而不得不熬夜完成工作，於是我向他推薦了這一方法。結果，他差點中毒，一躺下就像個婦人一樣爬不起來了。他是個長著稀疏金髮的瘦高個兒，薄薄的胃壁根本受不了這樣的刺激。這是我缺乏事先觀察造成的失誤。

當人體需要依靠空腹喝下這種超濃咖啡才能達到刺激時，繼續加量只會使人虛汗淋漓、神經衰弱，陷入嗜睡狀態。我不知道接下來會發生什麼：既然我並沒有被判刑要求立刻去死，理性告訴我應該節制。

我們應該多喝乳製品、吃雞肉或其他白色肉，然後彈彈琴，過著那種閒散、遊手好閒、無需思考、有一點病態的資產階級退休生活。

當空腹喝下嚴格配製的咖啡時，腦神經過度亢奮，會使人像生氣般激動：聲音高了起來，肢體動作是病態的、煩躁的，期望所有東西都能隨心而動；我們神經質地對一些小事生氣，脾氣變得像詩人一樣多變；以爲自己了解的事情別人自然也要了解。這種情況下，一個聰明人應該學會深藏不露，或是避免讓他人接近。我也偶然有過幾次無法將興奮帶入工作、淪爲這種半瘋癲狀態的情況。當時我在鄉間的朋友家，一場糟糕的談論使他們把我看成了一個暴躁的、愛做無謂爭論的人。第二天，我認識到了自己的失誤，和我的朋友們一起分析原因。

他們都是一流的學者，我們很快就找到了答案：咖啡正是罪魁禍首。

這些觀察不僅是眞實的，而且具有普遍性，除了特例以外，幾位實踐者的實驗結果基本上沒有差別，其中包括著名的羅西尼先生，作爲最通曉味覺原理的人之一，他是一個足以媲美薩瓦蘭的人物。

觀察——對某些身體孱弱的人來說，咖啡會讓大腦充血；這些人的神經不會被啓動，反而變得嗜睡，所以有人說咖啡會催眠。這些人也許有像雄鹿一樣健壯的腿，鴕鳥一樣的胃，但卻不適合做腦力勞動。兩個年輕的航海家——庫姆斯和泰米什先生發現，阿比西尼亞人普遍不擅於性行爲；兩位航海家注意到阿比西尼亞人嗜飲咖啡的程度非常驚人，這就是災禍的原因。如果這本書流傳到了英國，英國政府一定會用手裡第一名死刑犯來驗證這個嚴重的問題。當然，只要那個人不是女人或老頭的話。

茶裡面含有茶單寧，還有一些能起到麻醉作用的成分；但因爲腸胃神經叢對其吸收更爲迅速，所以它並不作用於大腦，而只作用於腸胃神經叢。直到今天，飲茶的方式還是單一的。我不清楚喝茶的人爲了達到效果，該加入多少劑量的水。如果英國人的實驗是眞實可靠的，那麼，英國式的道德思想、面色蒼白的英國小姐，還有英國式的虛僞和流言，應該都是喝茶的產物吧！有一點是肯定的：茶不僅在身體上傷害了英國的女士們，也在精神上傷害了她們。在那些喝茶的女人們看來，愛情是骯髒的，她們蒼白、病態、聒噪、惹人厭煩、習慣說教。由於某種強烈的成分，飲用大量濃茶會引起憂鬱；茶招致幻想，但不像鴉片般強烈，因爲這種幻覺是發生在一種灰色的、霧氣濛濛的氛圍中，思維如夢，會像金髮碧眼的女人一樣輕飄飄的。但那並非是健康者的熟睡狀態，而使人想起清晨時，那種半夢半醒之間的夢幻。過量飲用茶和咖啡都會讓人變得皮膚異常乾燥，產生灼燒感。而過量飲用咖啡的人經常出虛汗，感到口渴，他們分泌的唾液少且黏稠。

菸草

我把菸草留到最後說是有原因的：在五種物質中，菸草是最後被發現的，但它卻比其他物質更加令人上癮。

大自然爲我們設置了快感的終端。我並非懷疑上帝賜予我們愛情的激情，以及那可敬的本能，大力神赫拉克勒斯和他完成的第十二項任務已經證明了這一點是毋庸置疑的，但驚人的是，今日的女性被雪茄的煙霧纏繞的時間，比被愛情糾纏的時間更多。糖有時會使所有人都感到煩膩，即使是兒童也是如此；至於酒精，那些濫飲之人只能活上兩年；過量的咖啡會讓人患病，不得不停止飲用。菸草的不同之處在於——人們往往以爲自己可以無限期地抽下去。這是錯誤的。布魯塞是個被菸草削弱身體的大力士赫拉克勒斯，如果不是過勞和抽菸，身軀堅如磐石的他本該可以活過百歲，最近卻英年早逝了。還有一個花花公子因爲嗜好抽菸，喉嚨上生了壞疽，在當時的條件下又無法切除，只好聽天由命地死去。

令人驚訝的是，薩瓦蘭在本書中詳細陳述了快感的種種由來後，竟缺少了菸草這一章。

人類有相當長的時間是透過鼻子來吸食菸草的，現在已經改爲用嘴。如薩瓦蘭所說，菸草刺激的器官是人體中最爲靈敏的兩個：鼻腔，還有顎及其關聯器官。在這位著名的教授完成他的著作時，菸草還沒有像今天一樣侵入法國社會的各個角落。一個世紀以來，粉末狀的菸草被廣爲使用，現今，雪茄已經危害整個社會。而當年的我們並不會想到抽菸會帶來如此大的快感。

菸草最先引起的是感官的眩暈。剛抽菸的人大多會發現唾液分泌過度，而且經常感到噁心想吐，這是身體發出的警告。如果吸菸者忍受了這些生理反應，身體就會慢慢適應它。這個過程有時會持續幾個月的時間。吸菸者以身試毒增加了身體的耐受性，最終得到天堂般的享受。應該用什麼詞來形容菸癮才恰當呢？在麵包與菸草之間，貧窮的可憐人沒有絲毫的猶豫就選擇了後者；鞋底被瀝青馬路磨出了窟窿的年輕人、日夜不停忙著的情婦也都和窮人一樣；科爾嘉島上神出鬼沒的強盜們可以爲了半公斤菸草替你殺人；那些身居高位的人也承認，雪茄能使他們從對手的敵意中暫時脫離，得到一絲安慰。如果要一個花花公子在心愛的情婦與雪茄之間做選擇，他會毫不猶豫地離開女人，奔向雪茄；一個囚犯只因在監獄可以抽菸，就寧可留在那裡做苦役；一位國王為了菸草寧可失掉半壁江山。這是能使人忍受多大磨難的快感啊！對於這種快感，我不否認，但我們應該記住下面的格言：

格言VI：抽菸等同玩火。

喬治．桑是我了解這一享樂的關鍵人物，但我個人只能接受印度的水煙壺或者波斯的水煙袋。在物質享受方面，東方人顯然比西方人更為高明。

印度水煙壺跟波斯水煙袋都是很優雅的器物，雖然它有著令人不安的奇怪外形，但老百姓那些驚訝的眼神足以令使用者享受到貴族式的優越感。它有一個像日式水壺般鼓起的肚子，上面頂著一個泥土燒成的小盅，盅裡面燒著菸草、廣藿香或是那些你想要抽的菸，你可以同時抽幾種不同種類的誘人菸草，而且一種比一種更有吸引力。

煙霧穿過幾尺長、用絲綢和銀線裝飾的皮管緩緩上升，煙管的一頭伸進下方盛著香料的煙瓶裡。通過吸吮把煙氣帶上來，壺裡空下來的部分會在氣壓作用下被新的煙氣填充。煙氣通過水的濾解，彷彿被冰鎮過一樣，又保存了植物燃燒後產生的最上乘香氣，在螺旋形的皮管中變得纖細溫婉，蜿蜒上升。你就這樣進入天堂，味道純粹，而又香氣撲鼻。它伸展你的神經，使那些神經滿足，直達大腦，如同輕吟淺唱的祈禱，使神祇都陶醉了。你躺在長沙發上，無所事事，沒有思慮後的疲憊，也沒有飽食後的困倦，沒有喝過香檳後甜膩膩的嗝，也沒有飲過咖啡後腦神經的飄忽，那是一種眩暈的狀態。你的大腦感受到新的思想，它不再重如磐石，只想帶你飛入飄渺的極樂世界；你追逐著躍動的興奮感，就如同小孩子舉著紗網在草原上捕捉蝴蝶；你看到了理想中的世界，讓你不禁試圖去還原那些畫面。最美好的希望一再出現，不僅僅是幻覺，而是有形的，像芭蕾藝術家塔利奧尼一樣輕舞跳躍著，這是多麼大的恩寵！

菸鬼們，你們懂的！這些場景美化了現實，生活中的所有困難都消失不見了，我們變得鬆弛而清醒，思想裡灰色的陰霾也化成了碧海藍天；但奇怪的是，這齣令人愉悅的戲劇會隨著水煙壺、雪茄或是菸斗的熄滅而偃旗息鼓，落下帷幕。而爲了這種多餘的快感，你又付出了多大的代價去取得呢？請審慎地思考吧，這些短暫的快感和飲用烈酒和咖啡時並無二致。

吸菸使人不再分泌唾液。倘若仍有唾液，那它也會改變唾液的分泌條件，使其變成一種又稠又厚的排出物。如果吸菸者沒有頻繁地吐出這些唾液，便會使口腔管道腫脹，堵塞或殺死那些吸盤和靈敏的乳突，排出口也會被封閉。那些可敬的生理機制都可以在化學家拉斯帕伊的顯微鏡下觀測到，我正迫切地期待著他發表關於此問題的一些發現。就暫時說到這裡吧。

幾種不同的黏液在身體裡運轉往復，血液和神經構成了奇妙的骨髓，這就是人體的循環系統。這些黏液對於保持我們身體的運轉至關重要，當我們發生激烈的情緒起伏時，體內的黏液會猛烈地反應以提醒我們應對未知的衝擊。總之，生命是饑渴的，那些火冒三丈、怒髮衝冠的人會突然感到喉嚨發乾、唾液發黏，而要恢復正常又十分緩慢。這個事實讓我如此驚訝，於是，我希望在最可怕的情緒場景中驗證其眞實性。

爲了與那些慣常疏遠社交活動的人共進晚餐，我提前很久開始了邀約，這兩位是：警察局長、皇家首席劊子手。兩位都是公民，也是選民，享受和其他法國人一樣的公民權利。警察局長告訴了我一個意料中的事實，他們逮捕的那些罪犯，都要經過一到四周才能恢復分泌唾液。其中那些殺人犯恢復得最慢。劊子手也說從來沒有見過犯人在準備受刑前吐過唾沫，哪怕是在去洗手間的時候也沒有。

請容許我們報告一個事實，其結論源於在軍艦上進行的一項實驗，並且爲我們的論斷提供了證據。

在大革命之前，一艘皇家護衛艦上出現了一起竊盜事件，需要在抵達海港前抓住罪犯。艦上展開了最嚴格的搜查，哪怕最小的細節也不放過，但那些軍官和水手卻仍舊找不出偷竊的人。這件事情變成了所有船員的心病。當艦長和他的智囊團開始對找出眞相感到絕望的時候，水手長對艦長說：「明天早上我就能找出小偷是誰。」眾人大感意外。第二天，水手長讓所有船員在甲板上列隊，宣布他將找出犯罪的人。他讓所有人伸出手，分了每人一點麵粉，然後下令讓眾人都吐一點唾液將麵粉揉成麵團後他再來檢查。其中有一個人由於沒有唾液，沒辦法將麵粉揉成麵團。「這就是那個罪犯。」水手長對艦長說。而那個水手長沒有弄錯。

這些觀察和事實指明了身體中黏液缺失的代價，那些人為了器官的享樂而過多地損耗掉了人體中的黏液。那些黏液就如最基礎的胃液，其中複雜的化學反應會使我們對實驗室感到失望。醫生會告訴你，幾乎所有的急病、重病、慢性病都是黏膜發炎引起的。例如，卡他性鼻炎，俗稱為腦傷風，會讓你靈敏的身體功能停擺好幾天，但這不過是病毒對鼻黏膜和腦黏膜的一個小小挑釁罷了。

無論如何，吸菸妨礙了黏液循環，並使乳突無法發揮作用，或者使其吸收一些可致堵塞的液體。所以，在需要乳突工作的所有時間內，吸菸者差不多是麻木的。那些菸民，例如在歐洲大陸上最先開始抽菸的荷蘭人，大多麻木不仁或者疲軟無力，荷蘭的人口數量因此一直不能增加。而他們向來以魚為食的習慣，其對醃魚、都蘭產的烈酒，還有沃萊白酒的喜愛稍稍抵消了些菸草的影響；荷蘭之所以仍能維持獨立，完全在於各國政府嫉妒法國，不願使荷蘭歸其管轄的心理。最後，吸食菸草或是咀嚼菸草所引發的局部變化應該得到重視，牙釉質會被腐蝕，牙齦腫脹化膿，膿水在進食時又會混合在食物裡或者隨唾液進入身體。

雖然菸氣在過水後效力減弱，但土耳其人對吸菸的毫無節制，仍然使其身體在大好的年紀就被早早掏空。富裕的土耳其人很少在房裡消磨青春，這使我們不得不承認，菸草和鴉片、咖啡一樣，是一種會減弱生殖能力的興奮劑，並且是導致土耳其停滯不前的原因之一。一個三十歲的土耳其人看起來和五十歲的歐洲人差不多，須知，氣候的差異根本不值一提，緯度上的差別也僅有微弱的影響而已。

結論

稅務機關肯定要反駁這些對現代興奮劑的觀察結果，它們在這些產業上徵收了很多稅金，但是這些觀察結果都是有依據的，我甚至可以進一步說，是菸斗讓德國變得平靜了，菸草消耗了人體的一部分能量。菸酒稅就像印第安人的雜耍一樣，得到的只是看著錢幣從一隻手挪到另一隻手上的樂趣，它在本質上就是愚蠢和反社會的，只會使一個民族加速地走向癡呆與麻木。

在今天，社會各個階層都有一種醉生夢死的傾向，道德家們和社會人士應該抵制這種傾向，沉迷酒精是社會生活裡的一種「逆向行駛」。酒精和菸草正在威脅著現代社會。人們在倫敦建設了豪華的杜松子酒館，那麼我們也該相應地設立禁酒協會。

薩瓦蘭是最先指出人們喝下的液體對人類命運影響的幾個人之一。以他的社會影響力，他本可以堅持引用數據，提高其理論的實用價值，爲後續的研究提供更爲堅實的基礎。統計學可以爲所有研究提供「預算」，它能夠闡明現下的過度消耗與對未來的嚴重影響。

酒精，這種社會下層階級的刺激品，它含有一些有害物質，但與其他幾種興奮劑相比，其使人在短時間內意識混亂的危害到底有多大，我們也許尚不能下結論。

至於糖，法國曾有一段相當長的缺糖時期，據我所知，在一八〇〇年至一八一五年出生的人之中，乳腺疾病的發病率尤爲頻繁，這也許是缺少糖分造成的。而過量地食用糖也可能引起皮膚疾病。

科學已經證明了食用海鮮對人類生殖的影響。現在，絕大部分法國人不加節制地飲用著不同的酒精，貴族們沉迷於咖啡帶來的興奮感，人們過度食用含有磷光物質和燃素的糖，這無疑也將會改變這一代人的生殖情況。

這五種物質的過度消耗都有一個相似的症狀：口渴、多汗、黏液消失，而後是生殖能力喪失。請人們謹記這句格言：

格言VII：所有損害黏膜的過度行爲都會縮短人的生命。

品味事典 21

美味的饗宴 法國美食家談吃

Physiologie du Goût

作　者——薩瓦蘭（Jean Anthelme Brillat-Savarin）
譯　者——李妍
責任編輯——陳怡慈
文字編輯——張召儀、施舜文
美術設計——吳欣瑋
董 事 長——趙政岷
總 經 理
出 版 者——時報文化出版企業股份有限公司
一〇八〇三台北市和平西路三段二四〇號四樓
發行專線——（〇二）二三〇六六八四二
讀者服務專線——〇八〇〇二三一七〇五
（〇二）二三〇四七一〇三
讀者服務傳真——（〇二）二三〇四六八五八
郵撥——一九三四四七二四時報文化出版公司
信箱——台北郵政七九～九九信箱
時報悅讀網——http://www.readingtimes.com.tw
電子郵件信箱——newstudy@readingtimes.com.tw
法律顧問——理律法律事務所　陳長文律師、李念祖律師
印　刷——勁達印刷有限公司
初版一刷——二〇一五年八月二十一日
定　價——新台幣三八〇元

國家圖書館出版品預行編目資料

美味的饗宴：法國美食家談吃/ 薩瓦蘭(Jean Anthelme Brillat-Savarin)著；李妍譯. -- 初版. -- 臺北市：時報文化, 2015.08
面；　公分
譯自：Physiologie du gout
ISBN 978-957-13-6342-4(平裝)

1.飲食 2.文集

427.07　　104012851

本書譯文由廈門墨客知識產權代理有限公司代理，
經北京文通天下圖書有限公司授權使用。

ISBN　978-957-13-6342-4
Printed in Taiwan